Gebrauchsanweisung für den Wald

Peter Wohlleben

Gebrauchsanweisung für den Wald

PIPER

Mehr über unsere Autorinnen, Autoren und Bücher:
www.piper.de

Wenn Ihnen dieses Buch gefallen hat, schreiben Sie uns unter Nennung des Titels »Gebrauchsanweisung für den Wald« an empfehlungen@piper.de, und wir empfehlen Ihnen gern vergleichbare Bücher.

Unser Versprechen für mehr Nachhaltigkeit
• Klimaneutrales Produkt
• FSC®-zertifiziertes Papier
• Hergestellt in Europa

FSC www.fsc.org MIX Papier aus verantwortungsvollen Quellen FSC® C083411

ISBN 978-3-492-27766-2
Neuausgabe 2022

Satz: Fotosatz Amann GmbH & Co KG, Memmingen
Gesetzt aus der Bembo und der Trade Gothic
Druck und Bindung: CPI books GmbH, Leck
Printed in the EU

Inhalt

Eine Gebrauchsanweisung für den Wald?

Als mich der Piper Verlag fragte, ob ich nicht eine Gebrauchsanweisung für den Wald schreiben wolle, war ich sofort Feuer und Flamme. Ich liebe den Wald, und er hat den Großteil meines Lebens bestimmt. Dabei bin ich zufällig beruflich hineingestolpert. Eigentlich wollte ich Biologie studieren, da ich, wie auch viele Schulabsolventen heutzutage, nicht recht wusste, wie ich meine Naturliebe umsetzen sollte. Da entdeckte meine Mutter eine kleine Anzeige der Landesforstverwaltung von Rheinland-Pfalz in der Tageszeitung: Es wurden Kandidaten für ein verwaltungsinternes Studium gesucht. Ich bewarb mich, wurde angenommen und verbrachte vier Jahre mit Praktika und in Hörsälen.

Was mir anschließend in der Praxis begegnete, entsprach nicht im Geringsten meinen Träumen. Arbeiten mit schwersten Maschinen, die den Waldboden zerstörten, waren nur die Spitze des Eisbergs. Gifteinsätze mit Kontaktinsektiziden, Kahlschläge oder das Fällen der ältesten Bäume (alte Buchen, die ich so liebe); all das fand ich zunehmend befremdlich. Während des Studiums war mir beigebracht worden, all dies diene dem Erhalt gesunder Wälder. Was Ihnen vielleicht merkwürdig erscheint, glauben bis heute Tausende von Studenten ihren Professoren. Aus Befremden wurde Ablehnung, und ich wusste nicht, wie ich mit dieser Einstellung noch jahrzehntelang weiterarbeiten sollte.

Doch 1991 fand ich in der Gemeinde Hümmel in der Eifel einen Waldbesitzer, der ebenfalls ökologische Wege gehen wollte. Zusammen haben wir eine Waldbewirtschaftung aufgebaut, die eine Mischung aus Reservaten und behutsam genutzten Parzellen vorsieht. Und ganz wichtig: Die Bevölkerung sollte intensiv mit eingebunden werden. Dazu bot ich eine Reihe von Veranstaltungen an. Survivaltrainings und der Bau von Blockhütten waren das Extrem, die meisten Angebote bestanden aus Führungen zur wunderbaren Welt der Bäume. Wo man all dies denn nachlesen könne, wurde ich oft gefragt. Da blieb mir nur ein Schulterzucken, denn Literatur zum Thema war mir nicht bekannt. Nachdem mich meine Frau immer wieder drängte, für die Besucher doch wenigstens ein bisschen etwas aufzuschreiben, brachte ich in einem Lapplandurlaub eine typische Führung zu Papier. Das Manuskript schickte ich an etliche Verlage und sagte zu meiner Frau: »Wenn bis Ende des Jahres niemand zusagt, dann kann ich eben nicht schreiben.«

Es kam anders, wie Sie gerade sehen, und ich habe Freude an dieser Erweiterung meiner Tätigkeiten gefunden. Nun kann ich weitaus mehr Menschen für den Wald begeistern, denn dieser wird meiner Meinung nach noch viel zu wenig genutzt. Nicht im Sinne der Holzwirtschaft, nein, die übertreibt es in weiten Bereichen schon. Es sind die kleinen und großen Abenteuer, die zwischen den Bäumen nur darauf warten, abgeholt zu werden. Und dazu müssen Sie nur eines tun: zu Fuß in die Wälder gehen.

Querfeldein

Kennen Sie diese Situation? Man ist mit Kindern im Wald unterwegs, und irgendwann wird es laut. Entweder spielen sie Fangen, entdecken ein kleines wildes Tier und rufen laut ihre Entdeckung herüber, oder aber sie schreien ganz einfach vor Vergnügen. Die reflexartige Ermahnung der Erwachsenen folgt auf dem Fuß: »Pst, schreit nicht so laut!«

Warum eigentlich? Stört es Hirsch und Reh tatsächlich, wenn Menschen Krach machen? Grundsätzlich lieben es wilde Tiere leise, doch nicht etwa, weil sie lärmempfindlich sind. Tost ein Sturm durch die Baumwipfel oder rauscht ein heftiger Platzregen herab, dann können sie keine anderen Geräusche mehr hören. Auch nicht die von sich nahenden Wölfen oder Luchsen, und das kann für Rehe und Hirsche lebensgefährlich sein. Daher lieben sie windstille, trockene Wetterlagen, bei denen jeder Tritt auf ein knackendes Ästchen weit zu vernehmen ist.

Krach von Menschen nervt die Tiere dennoch nicht, denn er erfüllt nicht gleich den ganzen Wald, sondern ist nur aus einer Richtung zu hören. Zugleich wissen die großen Säugetiere, dass ihr größter Feind nicht auf Beutezug ist: Denn auch das sind wir Menschen, und zwar in Form der Jäger. Selbst wenn Wolf und Luchs hier und da langsam wieder Einzug in unsere Landschaften halten, so sind doch ihre menschlichen Kollegen im grünen Loden tausendfach zahlreicher vertreten. Kein Wunder, dass sich die Angst unserer Wildtiere hauptsächlich auf Zweibeiner konzentriert. Wenn wir fröhlich singend über Wanderwege spazieren oder uns dabei lautstark unterhalten, so signalisieren wir unseren Mitgeschöpfen, dass wir nicht auf der Jagd sind. Das trifft sogar auf die eigentlich extrem scheue Wildkatze zu. Sie wurde ebenfalls bejagt, weil man ihr zutraute, Rehe zu reißen. Rehe? Die Wildkatze ist zwar nicht mit der Hauskatze verwandt, gleicht ihr aber bis auf minimale Größenunterschiede. Können Sie sich vorstellen, dass ein Stubentiger einen Dackel frisst? Dazu sind die kleinen Zähne viel zu kurz, und das Maul lässt sich nicht weit genug öffnen, um solch große Tiere festzuhalten. Dennoch hielt sich das Gerücht über Jahrhunderte unter Jägern, sodass man dem getigerten Beutegreifer erbarmungslos nachstellte. Dass er sehr scheu wurde, ist da nicht verwunderlich.

Doch Menschen, die laut durch den Wald gehen, werden wie bei anderen Arten ebenfalls nicht als Gefahr gesehen. So führte ich einmal eine Besuchergruppe im Januar durch den verschneiten alten Buchenwald meines Reviers. Die Wanderer wollten sich den Ruheforst, einen Bestattungswald, ansehen. Nachdem wir uns dort eine Stunde lang umgesehen hatten, marschierten wir wieder zum Parkplatz zurück, als mir auffiel, dass ich meinen Rucksack unter einem Baum vergessen hatte. Der Praktikant, der mich begleitete, bot sich an, noch einmal zurückzugehen. Als er schließlich nach fünfzehn Minuten wieder erschien, war er ganz aufgeregt. Er hatte eine Wildkatze gesehen, die friedlich den Weg kreuzte. Offensichtlich hatte das Tier in der

Nähe abgewartet, bis die gut gelaunte und entsprechend kommunikationsfreudige Truppe den alten Wald wieder verlassen hatte. Ähnliches habe ich ein Jahr später an einem heißen Julitag auf ebendiesem Ruheforstparkplatz erlebt. Ich unterhielt mich, an meinen Geländewagen gelehnt, mit einem Kollegen, als ich plötzlich eine Wildkatze seelenruhig fünfzig Meter von uns entfernt über die Zufahrt von einem Waldstück in das andere wechseln sah. Die nahe Straße schien sie nicht zu stören, was zeigt, dass die Scheuheit sich eher auf stille, durch das Unterholz pirschende Menschen bezieht. Das Fazit muss also lauten: Krach im Wald stört hier niemanden, schon gar nicht Krach von Kindern. Oder nein, ich muss mich korrigieren – er stört die wilden Tiere nicht, sondern vielleicht eher manche Erwachsenen.

Querfeldeingehen hat den Hauch grenzenloser Freiheit, und bei dieser denkt man meist an andere Länder. Ich mag die menschenleeren Landschaften im Südwesten der USA, nicht etwa, weil ich menschenscheu bin, nein, diese endlosen Weiten haben es mir angetan. Wo in Europa der Blick in die Ferne meist an Strommasten, Autobahnen oder Siedlungen hängen bleibt, kann das Auge in New Mexico, Arizona oder Utah über Wälder und Gebirge schier endlos umherschweifen.

Allerdings nur das Auge. Denn in den meisten Fällen ist der Weg abseits öffentlicher Straßen versperrt, und dies teilweise wortwörtlich. So begleiteten uns bei einer Rundreise durch den Südwesten Maschendrahtzäune, die links und rechts der Straße auf Hunderten von Kilometern das Freiheitsgefühl im Keim erstickten. Eingezäunt waren häufig nur Sand und Fels – als ob da jemand etwas wegnehmen würde! Land in Privatbesitz (und das gibt es dort sehr viel) ist nicht öffentlich zugänglich, und darauf weisen immer wieder Schilder hin.

Zurück in Deutschland, wurde mir erst klar, welche Möglichkeiten sich hier jedem Waldbesucher bieten. Es stehen nicht nur sämtliche Wege zur freien Verfügung, sondern gleich die gesamte Fläche. Wann immer Sie sich also ins Unterholz schlagen möchten – bitte schön! Niemand kann Sie daran hindern, es sei denn, Sie sind in einem der wenigen Ausnahmegebiete unterwegs. Naturschutzgebiete, Nationalparks und kleinere Bannwälder weisen meist ein Wegegebot auf, das heißt, Sie dürfen die ausgeschilderten Routen nicht verlassen. Doch da solche Flächen nur wenige Prozente der Waldgebiete ausmachen und zudem immer deutlich darauf hingewiesen wird, können Sie sich im Normalfall nicht vertun. Weitere Ausnahmen sind frisch aufgeforstete Kulturen mit Jungbäumen, erst recht, wenn diese eingezäunt sind. Auch wenn es noch so reizt, den Zaun zu übersteigen und den Querfeldeingang abzukürzen: Gehen Sie lieber außen herum.

Ein letztes Tabuareal sind laufende Holzeinschläge. Wo die Motorsägen röhren oder der Harvester, die Vollerntemaschine, brummt, ist es lebensgefährlich. Fallende Bäume mit bis zu vierzig Meter Länge sind schwer einzuschätzen, zudem versperren häufig Büsche die Sicht auf Spaziergänger. Daher stehen auf den betreffenden Waldwegen schon Hunderte Meter vor der eigentlichen Durchforstungsfläche Warnschilder, oder ein rot-weißes Flatterband versperrt sie gleich ganz. Der überwältigende Teil der Wälder ist jedoch frei von solchen Restriktionen, sodass Sie hier tatsächlich ganz eintauchen können. Allerdings gilt das nur für Fußgänger. Fahrradfahrer und Reiter müssen sich an die Wege halten, für alle anderen Fortbewegungsmittel ist der Wald in der Regel ohnehin komplett gesperrt.

Wie geht man denn nun richtig querfeldein? Am besten eignen sich dichtere Laubwälder. Hier ist der Boden meist frei von Bewuchs, und es stören keine Äste an den Stämmen. Das sieht bei Nadelforsten ganz anders aus, vor allem, wenn die Bäume dicht an dicht gepflanzt wurden. Dann greifen die abgestorbenen unteren Äste benachbarter Fichten, Kiefern und Douglasien wie Arme ineinander und hindern den Durchgang. Ich habe mich in solchen Plantagen manchmal sogar rückwärts bewegt, um mich mit Gewalt hindurchzudrücken. So peitschen keine Äste ins Gesicht oder, schlimmer noch, stechen in die Augen. Laubwald ist da viel friedlicher. Taucht Gras unter den Bäumen auf, so sollten Sie einen Bogen darum machen. Morgendlicher Tau oder festgehaltene Regentropfen lassen Ihr Schuhwerk im Nu durchweichen, und selbst eingearbeitete Spezialmembranen halten die Nässe in solchem Gelände kaum auf Dauer ab.

Brombeeren sind oft eine Herausforderung. Natürlich nicht die Früchte, doch meist werden Sie nur auf die beerenlosen rankenden Pflanzen treffen. Diese verhaken sich ineinander und bilden teilweise meterhohe Verhaue. Möchten Sie ein solches Feld kreuzen, dann heißt es laufen wie ein Storch. Treten Sie die oberste Ranke mit dem Fuß zu Boden, belasten dann diesen Fuß und machen mit dem zweiten den nächsten Schritt auf die nächste Ranke. Das sieht lustig aus, doch es schaut ja in der Regel niemand zu. Haben Sie es eilig, oder möchten Sie nicht so staksig laufen, können Sie rasch von einer Ranke regelrecht gefangen werden. Wie bei einem Lasso, das sich zuzieht, kommen Sie kaum noch aus der unfreiwilligen Umarmung los, und oft genug endet dann ein weiterer Schritt mit dem Sturz in die Dornen – aua!

Sturzgefahr besteht auch beim Gehen im Steilhang. Nicht etwa, weil Sie sich dort nicht richtig auf den Beinen halten können, nein, das Verhängnis lauert unter Laub oder Schnee. Es sind tote Äste, deren Rinde schon weggerottet ist. Sie liegen meist mit dem Gefälle, also von oben nach unten, im Hang. Wenn Sie auf solch einen Ast treten, rutscht der aufgesetzte Fuß wie auf einer Gleitbahn seitlich bergab. Mir ist das, obwohl ich es eigentlich wissen müsste, schon häufig passiert. Wenn ich bewusst registriere, worauf ich getreten bin, ist es oft schon zu spät. Ich kippe, rudere dabei mit den Armen und krache dann seitwärts auf den Boden. Steile Partien sollten Sie bei feuchtem Wetter im Zweifelsfall meiden. Eine gute Möglichkeit, sich in Berghängen zu bewegen, sind Wildwechsel. Da die Tiere dieselben Probleme haben wie Sie, laufen sie nur auf ausgetretenen und damit ebenen Pfaden. Die sind zwar schmal, meist nicht breiter als dreißig Zentimeter, aber es reicht für einen sicheren Gang. In langen Hängen ziehen sich in regelmäßigen Abständen solche Wildpfade parallel dahin, sodass Sie, wenn Sie tiefer hinabmüssen oder abbiegen wollen, einfach einen oder zwei Pfade tief absteigen und danach weiter sicher den Trittsiegeln der Tiere folgen können.

Sind Sie im Tal angekommen, steht oft eine Bachquerung an. Bisher sind die Schuhe trocken geblieben, und das soll sich nicht ändern. Also versuchen die meisten Querfeldeinläufer, von Ufer zu Ufer zu springen. Das scheint ganz einfach zu sein, schließlich sind die kleinen Wasserläufe oft nicht breiter als einen Meter. So einen Sprung sollte eigentlich jeder schaffen, und das stimmt auch. Nicht allerdings, dass man dann auf trockenem Boden steht. Gerade Bäche, deren Uferbereich flach verläuft, durchnässen diesen unterirdisch so, dass kleine Sumpfgebiete entstehen. Der Sprung endet also oft im Morast, der dann feucht und kalt von oben in die Schuhe läuft. Wie können Sie das vermeiden?

Zunächst sollten Sie sich eine Stelle suchen, an der die Bachufer steiler nach oben verlaufen. Hier ist die Chance gut, dass unter der Oberfläche viele Steine sind. Auch dicht neben Bäume zu treten erhöht die Chance, dass die Schuhe sauber und die Füße trocken bleiben, denn das Wurzelwerk wirkt wie eine Matte. Und ganz einfach ist es, wenn der Bach nicht tiefer ist, als Ihre Schuhe hoch sind, und Steine zu sehen sind – dann treten Sie beherzt ins Wasser. Im Laufe der Zeit haben sich diese Steine von allem Schlamm freigespült und liegen in der Regel so sicher auf dem Grund wie das Pflaster in einer Fußgängerzone – na gut, nicht ganz, denn manchmal sind sie etwas glitschig. Bei meinen Gängen durchs Revier ist es mir noch nie passiert, dass ich im Bachbett eingesunken bin, wohl aber oft schon in der weichen Böschung. Die einzige kleine Gefahr besteht darin, dass man sich bei der Tiefe verschätzt, doch dann wird es immerhin nur nass und nicht schmutzig.

Matsch und Sumpf sind bei schlechtem Wetter immer ein Thema. Natürlich sind die Schuhe für harte Einsätze konstruiert, doch wer möchte schon unnötig verschlammtes Leder reinigen? Ganz davon abgesehen, dass im Zweifelsfall etwas von der Brühe hereinläuft, wenn Sie zu tief einsinken. Daher gilt es, den Bodendruck des Schuhs zu reduzieren, indem Sie die Auftrittsfläche vergrößern. Das können beispielsweise Äste sein, die auf dem Boden liegen. Treten Sie darauf, verteilt sich Ihr Gewicht auf eine größere Fläche – doch achten Sie darauf, dass das Holz nicht allzu verrottet ist. Sonst macht es »knack«, und Sie stehen doch eine Etage tiefer.

Äste liegen nicht überall herum, weiter verbreitet sind hingegen Grasbüschel. Jedes dieser kleinen Polster ragt wie eine Insel aus dem Morast und ist überraschend stabil. Wenn Sie nun von Insel zu Insel stapfen, gelangen Sie trockenen Fußes auf die andere Seite. Das gilt allerdings nur für echte Bachläufe, keinesfalls hingegen für Moore. Dort sitzen die Gräser auf schwammigem Torfmoos und werden instabiler, je weiter Sie sich in eine solche Fläche hineinwagen.

Und wenn Sie gar nicht querfeldein gehen möchten? Das Laufen durch Gestrüpp und Unterholz bietet ja nicht nur Vorteile. Sind Sie zu zweit unterwegs und möchten sich unterhalten, so ist der Gang abseits der Wege nicht zu empfehlen. Da es meist nur schmale gangbare Routen gibt, fällt man schnell in den Gänsemarsch, und schon wird die Wanderung recht einsilbig. Ein wenig Abstand zueinander ist angeraten, wegen zurückschlagender Äste beim Durchstreifen; das macht die Unterhaltung noch schwieriger.

Und überhaupt – warum sollten Wege langweilig sein? Auf ihnen gibt es jede Menge zu entdecken. Zum Beispiel die Spuren schwerer Maschinen. Nun könnte man sich maßlos ärgern, wenn man durch frisch durchforstete Wälder spaziert und die schönsten Wege im Matsch versinken. Ist es nicht eine Frechheit, dass die Wanderer durch knöchelhohen Schlamm laufen müssen, nur weil die kommerzielle Forstwirtschaft rücksichtslos Holz erntet? Ich kann beide Seiten gut verstehen, auch die Waldbesitzer. Denn die Wege wurden bis auf wenige Ausnahmen tatsächlich nur deswegen gebaut, damit die gefällten Stämme per Lkw ins nächste Sägewerk gefahren werden können. Rücksichtnahme auf Erholungssuchende kann man sich nicht leisten, und selbst vermatschte Pisten sind für schweres Gerät immer noch gut genug. Früher wurde Holz nur im Winter eingeschlagen und nur bei trockener Witterung oder bei Frost gefahren. Doch in Zeiten des Klimawandels ist die kalte Jahreszeit meist nur noch regnerisch mit Temperaturen oberhalb des Gefrierpunkts.

In meinem Revier spielen sich daher immer häufiger Situationen ab, in denen es nur Verlierer gibt. Wir sperren die Holzabfuhr oft schon im Herbst, wenn im Dauergrau alle Wege aufgeweicht sind. Unsere Hoffnung, es möge doch wenigstens ein paar Tage Frost geben, der die Trassen durchfrieren lässt, erfüllt sich nur noch selten. Inzwischen wird das geerntete Holz durch Pilzbefall qualitativ immer schlechter, und der Käufer befürchtet zu Recht schwere finanzielle Einbußen. Spätestens im März, und dann liegen manche Stämme schon sechs Monate im Wald, muss gefahren werden, bevor die Ware endgültig verdirbt. Die Wege verschlammen und müssen hinterher aufwendig instand gesetzt werden.

Oft berichten mir Besucher, dass sie in anderen Wäldern in ihren Freizeitaktivitäten rüde gestoppt werden. Meist sind es ältere Herren in Grün, die sich aus ihrem Geländewagen beugen und irgendwelche Verbote aussprechen. Lassen Sie sich im Zweifelsfall einfach erst einmal den Dienstausweis zeigen. Den gibt es nämlich in der Regel gar nicht, weil es sich um Jagdaufseher handelt. Das sind Hilfspersonen, die dem örtlichen Jagdpächter zur Hand gehen. Ihr grünes Schild »Jagdschutz«, welches hinter der Windschutzscheibe prangt, sieht amtlich aus. Allerdings kann es sich jeder im Internet bestellen und darf es sich ebenfalls ins Auto stellen, genauso wie Schilder mit dem Aufdruck »Landwirtschaft«, »Forstwirtschaft« oder ähnlichen Hinweisen. Sie sollen eigentlich nur klarmachen, dass die betreffende Person berechtigterweise mit dem Pkw die Waldwege befährt. Richtig amtlich sind nur Schilder mit dem Aufdruck »Forst« oder »Forstverwaltung«, die das jeweilige Landes- oder Stadtwappen tragen. In diesen Fahrzeugen sitzen Förster, die sich entsprechend ausweisen können und müssen. Meist kontrollieren die Kollegen aber gar keine Wanderer, sondern halten sich dezent zurück.

Bei vielen Jägern sieht das anders aus. Sie ärgert es, wenn sie abends auf dem Hochsitz auf Wild warten und noch ein später Waldbesucher mit Hund (womöglich frei laufend) vorbeikommt. Dann war die Aktion vielleicht umsonst, und es ist verständlich, dass die Waidmänner verstimmt absteigen. Zum Abreagieren eine Art Polizeiaktion mit den

»Störenfrieden« zu veranstalten ist allerdings schlicht und ergreifend illegal. Doch wer möchte schon wütenden Personen widersprechen, die schwer bewaffnet sind? Und so ist es im Zweifelsfall besser, sich einfach das Pkw-Kennzeichen zu merken und den Rückzug anzutreten. War die verbale Attacke zu heftig und hing dabei dem Gegenüber das Gewehr über der Schulter (oder wurde gar in die Hände genommen), bleibt Ihnen immer noch eine Anzeige wegen Nötigung.

Spurensuche

Ich freue mich bei Schneefall gleich doppelt: Erstens mag ich richtige Winter, in denen ich mit schweren Stiefeln durch die weiße Pracht stapfen kann, und zweitens kann ich dann viele Geheimnisse lüften. Zumindest diejenigen, welche Tiere betreffen, denn nun hinterlassen sie deutlich sichtbar ihre Spuren. Dabei ist Schneefall nicht gleich Schneefall. Vor allem der erste Wintereinbruch einer Saison ist besonders ergiebig. Dann sind die Tiere noch nicht im Kältemodus, streifen noch viel aktiver umher als bei längeren Frostperioden. Am besten starten Sie Ihre Entdeckungstour gleich morgens, denn oft schmilzt die Mittagssonne die Spuren an, oder ein scharfer Wind weht sie wieder mit Eiskristallen zu, sodass sie kaum noch zu erkennen sind. Nehmen Sie einen Fotoapparat mit und lichten alle Funde ab, damit Sie diese zu Hause bequem mithilfe eines Bestimmungsbuches oder einer passenden Webseite entschlüsseln können.

Im Sommerhalbjahr ist feiner Schlamm auf oder an Wanderwegen besonders ergiebig. Hier hinein drücken sich Pfoten und Hufe wie ein Siegel in Wachs. Nebenbei können Sie grob ermitteln, wie lange es her ist, dass das betreffende Tier vorbeikam. Entscheidend sind die letzten heftigen Regenfälle. Sie spülen die Spuren wieder zu oder lassen zumindest die scharfen Konturen erodieren, sodass sie nur noch ungefähr zu erkennen sind. Hat es also beispielsweise vorgestern geregnet und Sie entdecken eine gestochen scharfe Rehspur, ist es maximal zwei Tage her, dass das Tier dort seine Bahn zog.

Besonders aufregend wird es, wenn man Wolfsspuren findet. Mein erster Fund dieser Art war im getrockneten Schlamm eines schwedischen Weges geprägt. Mit meiner Familie war ich im Grenzgebiet zu Norwegen unterwegs, und zwar mit dem Kanu. Kanu und Wolfsspuren? Da diese Wasserwanderung entlang einer Kette von Seen verlief, waren zwischendurch sogenannte »Portagen« notwendig. Dabei wird das Kanu entladen, aus dem Wasser gehoben und auf einem Gestell mit zwei Rädern befestigt. Das Gepäck kommt wieder hinein, und nun mussten wir uns Kilometer um Kilometer auf verschwiegenen Waldwegen durchs Hügelland kämpfen.

Die notwendigen Pausen bei dieser Quälerei mit dem ermattet nach unten gerichteten Blick bescherten uns die ersten richtigen Wolfsspuren. Spaziergänger gab es in diesem abgelegenen Gebiet nicht, jedoch die damals größte Wolfspopulation Schwedens. Wir fühlten uns reich beschenkt und schoben unser Kanu mit neuer Energie zum nächsten Gewässer.

Warum ich die Spaziergänger erwähnte? Oft sind diese mit Hunden unterwegs, und dann wird die Spurensuche kniffelig. Hunde und Wölfe sind ja sehr eng verwandt, die Pfotenabdrücke damit sehr ähnlich. Großer Hund oder Wolf, das traue selbst ich mir kaum zu. Es gibt natürlich einige Anhaltspunkte, und das Wichtigste ist die Nachrichtenlage. Da allerorts abends Jäger draußen auf ihren Hochsitzen sind, wird jeder Wolf sofort gemeldet und spätestens am nächsten Tag in den Medien präsentiert. Wolfsspuren in Landstrichen, in denen noch keine bestätigte Sichtung existiert, sind wohl eher ihren zahmen Verwandten zuzurechnen. Innerhalb von Wolfsrevieren lohnt es sich, genauer hinzuschauen. Wölfe schnüren im Gegensatz zu Hunden, das heißt, ihre Pfotenabdrücke sind wie auf einer Linie aufgereiht. Hinzu kommt, dass die Tiere die Hinterpfoten in die Abdrücke der Vorderpfoten setzen. Zur Sicherheit sollten Sie auch noch links und rechts der Spur schauen: Bei matschigem Wetter sollte sich, falls die Spur doch vom Hund stammen könnte, auch die Spur des Besitzers abzeichnen.

Wenn Sie Kot finden, lässt sich der Unterschied Wolf/Hund deutlicher ablesen. Das Haustier wird meist aus Dose oder Beutel ernährt, und die Hinterlassenschaften zeigen daher ein einheitliches Braun ohne Strukturen. Bei Wölfen können Sie dagegen sehen, welche Tiere sie gefressen haben. Kalkige Knochenreste sind durchzogen mit Tierhaaren, oft schwarzen, die dann von Wildschweinen stammen. Im Zweifelsfall können Sie den Kot auch in einen Plastikbeutel packen und an den nächsten Wolfsberater schicken, der ihn zur Untersuchung weiterleiten kann.

Der zweite große Beutegreifer, der Luchs, hat einwandfreie Trittsiegel. So große Katzenspuren sind unverwechselbar. Im Zweifelsfall hilft die Symmetrie: Hunde-/Wolfsspuren sind spiegelgleich, wenn man sie in der Mitte gedanklich teilt (zwischen den mittleren Zehen), bei Luchsen ergibt sich ein schiefes Bild. Zudem sind bei den großen Katzen nur sehr selten Krallenabdrücke zu sehen, während Wolf und Co. die Krallen (oder korrekt: die Nägel) meist mit in den Schlamm drücken. Wenn Sie eine Katze haben, hilft diese Ihnen vielleicht sogar bei der Identifikation, falls ein Luchs in Ihrer Umgebung umherstreift. So erzählte mir ein Kollege aus dem Pfälzer Wald, dass sein Stubentiger sich nicht mehr vor die Tür traue, sobald seine größere Verwandtschaft im Großraum auftauche. Das sei ein sicherer Indikator für ihn.

Während Luchs- und Wolfsspuren schon den Lottogewinn bei der Suche darstellen, sind Fuchsspuren eher ein Trostpreis. Dennoch können Sie an ihnen den Unterschied zu kleineren Hundesiegeln lernen, denn der Fuchs läuft ähnlich wie sein großer wilder Bruder. Er schnürt, hinterlässt also eine lange, gerade Linie von Abdrücken. Im Gegensatz zu Hunden ragt der hintere Ballen auch nicht in die Spur der Zehenballen, was das Siegel länglicher wirken lässt.

Die Anwesenheit von Füchsen verraten auch deren Baue. Sie liegen zwar nicht an Wanderwegen, doch wenn Sie auf der Suche nach Pilzen durchs Unterholz streifen, stoßen Sie vielleicht auf solch eine Höhle. Meist sind es mehrere Aus- oder Eingänge, die in eine Böschung gegraben sind. Ob sie noch genutzt werden, zeigen frische Kratzspuren und das Fehlen von Vegetation auf der ausgeworfenen Erde.

Allerdings kann auch jemand anderes diese Behausung nutzen – der Dachs. Die Unterscheidung ist schwierig, wenn es keine Pfotenabdrücke gibt (dann wäre es leicht; Dachsspuren sehen aus wie kleine Bärenspuren mit nach vorne gerichteten Krallen). Dachse graben mehr als Füchse und lagern entsprechend viel Erde vor dem Bau, in der sich eine Rinne abzeichnet, die vom Ein- und Ausgehen auf dem immer gleichen Pfad stammt. In dieser Rinne findet sich manchmal Polstermaterial, welches später den Bau schön gemütlich machen soll. Im Gegensatz zu Füchsen, die ihren Kot überall absetzen, legen sich Dachse regelrechte Toiletten an. Hier vergraben sie ihr Geschäft, und das kann man riechen. Damit nicht genug: Sie setzen auch noch Duftmarken ab, um ihr Revier zu kennzeichnen. Markanter Duft lässt also eher auf den Dachs schließen. Um es noch komplizierter zu machen, wohnen oft verschiedene Tierarten gleichzeitig im Höhlensystem: Dachse, Füchse und auch Marderhunde. Und selbst wenn Sie die Bewohner nicht identifizieren können, ist es eine spannende Entdeckung, denn solche Baue können jahrhundertelang genutzt werden und sind damit so alt wie die Fachwerkhäuser unserer Innenstädte.

Trittsiegel, Kot und Behausungen sind nur ein Teil möglicher Hinweise. Wildschweine etwa zeigen ganz deutlich, wo sie sich gesuhlt haben. Nach dem erfrischenden Bad im Schlamm (der manchmal sogar den Abdruck der liegenden Tiere zeigt) scheuern sie sich an sogenannten »Mahlbäumen«. Dabei werden nicht nur die trocknende Kruste, sondern auch Haare abgerieben, die in Rindenspalten hängen bleiben. Auf dem Weg zu diesen Bäumen spritzen von den nassen Tieren lehmfarbene Tröpfchen auf die Vegetation, die wie bei Hänsel und Gretel zeigen, wo sie entlanggelaufen sind.

Manche Zeichen deuten noch subtiler auf Tiere hin. Im Frühjahr keimen in den alten Buchenbeständen die Eckern. Die Sämlinge sehen mit ihren Keimblättern aus wie kleine Schmetterlinge, die vorsichtig ihre Flügel entfalten. Manchmal sprießt gleich ein ganzes Bündel aus dem Boden. Doch wie kann das sein? Bucheckern sind schwer und fallen, Wind hin oder her, immer schön senkrecht unter ihren Mutterbaum. Rein statistisch gesehen, sollten sie schön gleichmäßig um den Stamm herum keimen. Gut, es mag auch mal zwei oder drei auf einen Platz verschlagen, aber gleich zehn oder mehr? Nein, der Zufall ist dann nicht im Spiel, sondern Eichhörnchen oder, häufiger noch, Mäuse. Sie legten sich hier im Herbst ihren Wintervorrat an, um sich unter der Schneedecke gemütlich an den ölhaltigen

Samen zu laben. Der Strauß an Sämlingen zeigt also ein kleines Drama an: Offensichtlich kam im Winter ein hungriger Fuchs vorbei, der sich das fleißige Mäuschen schmecken ließ. Die Vorräte des kleinen Nagers blieben nun verlassen im Boden und konnten so im Frühling keimen. Man kann es natürlich auch andersherum sehen: Der Fuchs befreite die Baumembryos von ihrem Feind und sicherte so ihr Überleben.

Ebenfalls auf Bäume abgesehen haben es Spechte. Zum einen bauen sie ihre Höhlen in die Stämme, und beileibe nicht nur in faule. Wer möchte schon eine instabile Wohnung haben? Nein, oft werden völlig gesunde Exemplare ausgewählt, und damit das harte Holz nicht zu viele Kopfschmerzen verursacht, wird in Etappen gemeißelt. In den Zwischenintervallen, die manchmal sogar mehrere Monate dauern, besiedeln Pilze die Baustelle und machen durch Zersetzungsprozesse das Holz mürbe. Spechte haben aber noch ganz andere Bedürfnisse. So schlürfen sie im Frühjahr gerne die zuckerhaltigen aufsteigenden Baumsäfte. Dazu hacken sie mit einer Vorliebe für jüngere Eichen etwa zehn Zentimeter lange Reihen kleiner Löcher in die Rinde. Hier lecken sie den austretenden Saft auf. Dem Baum schadet das kaum, aber er behält für Jahrzehnte eine Art Schmucknarben auf der Borke.

Weniger schmerzhaft ist es, wenn die Vögel nach Insekten suchen. Diese befallen Bäume nämlich nur dann, wenn sie tot oder zumindest so schwer erkrankt sind, dass es dem Ende zugeht. Im Sommer, wenn Borkenkäfer Hochkonjunktur haben, zeigen Spechte ganz deutlich, welche Bäume es erwischt hat. Überall dort, wo sich saftige weiße Maden (der Nachwuchs der Käfer) unter der Rinde tummeln, hacken und stochern die Vögel so lange herum, bis sie die meisten Leckerbissen erbeutet haben. Bei diesem Festmahl löst sich großflächig die Rinde, und das hell hervorleuchtende Holz signalisiert Ihnen schon von Weitem den Käferbefall des Baums.

Doch auch abgestorbene Stämme, die langsam im Dämmerlicht am Boden verrotten, sind für Spechte attraktiv. Über tausend Insektenarten legen hier ihre Eier ab. Die bleichen Larven fressen sich oft jahrelang durch die zerbröselnde Holzsubstanz, bevor sie sich verpuppen und anschließend für wenige Wochen als Käfer die Welt erkunden. Diese »Spechtspeisekammer« können Sie besonders gut im Winter entdecken. Nun gibt es keine frei laufenden Ameisen mehr, und fliegende Insekten halten Winterschlaf, versteckt unter abblätternder Borke. Spechte bedienen sich in ihrer Not an totem Holz und hacken lange, helle Späne heraus. Tief im Inneren gelangen sie an die eiweißreichen Larven, die sie für die schwere Arbeit entschädigen. Wo es besonders viel zu holen gab, zeigen völlig zerfaserte und zerlegte Totholzteile am Boden.

Die nächste Kategorie von Spuren ließe sich eher als Reste bezeichnen, und eine kleine Begebenheit am Forsthaus erinnerte mich daran, dass sie auch in diese Gebrauchsanweisung gehören. Ich saß in der Mittagspause auf dem Sofa und biss gerade in mein Käsebrot, als mein Blick nach draußen schweifte und an Schneeflocken hängen blieb. Sie rieselten besonders sanft zu Boden – zu sanft. Beim genaueren Hinsehen entpuppten sie sich als Flaumfedern. Ich stand auf und ging ans Fenster. Die Quelle des Federsegens war schnell klar: Es war ein Eichelhäher, der gerade genüsslich eine Kohlmeise rupfte, um sich deren Fleisch schmecken zu lassen.

Solche kleinen Tragödien passieren sehr häufig unter dem Blätterdach der Bäume; es gibt eine ganze Reihe von Vogeljägern unter den Tieren. Da wären beispielsweise Eichhörnchen, Marder und Füchse, um nur einen Teil der infrage kommenden Säugetiere zu nennen. Unter den

Vögeln selbst sind es Rabenvögel, also Elstern, Eichelhäher, Krähen und Raben, dazu Eulenarten wie der Waldkauz oder der Uhu und Greifvögel wie Sperber oder Habicht. Eine typische Rupfung erkennen Sie an einer Federansammlung, die oft auf einem Baumstumpf liegt. Tiere scheinen für ihr Metzgerhandwerk ebenfalls Tische zu bevorzugen. Welche Art es nun genau war, die hier zu Werke ging, können Sie nicht unterscheiden, immerhin aber, ob es ein Säugetier oder ein Vogel war. Denn Letztere haben keine Zähne, und während zum Beispiel der Fuchs hartnäckige Kiele einfach abbeißt, reißen Greifvögel sie im Ganzen heraus. Dort, wo der Schnabel zugepackt hat, findet sich oft eine Kerbe oder ein Knick.

Die Spurensuche kann aber auch ganz anders aufgefasst werden. Wie wäre es, wenn Sie nicht nach tierischen Fährten, sondern nach menschlichen Ausschau hielten? Immerhin sind das die häufigsten Zeichen, die Sie bei einem Waldspaziergang finden können. Und es macht Spaß, ein bisschen Detektiv zu spielen. Da wären etwa Pfützen. Sie eignen sich gut, um zu schauen, wann das letzte Fahrzeug über den Weg gefahren ist. Solange das Wasser noch trübe ist, muss die Durchfahrt vom selben Tag stammen, oft liegt sie weniger als eine Stunde zurück. Eine einfache Reifenspur deutet auf einen Geländewagen hin, eine doppelte auf einen Holz-Lkw. Bei breitem, grobem Profil war eine Erntemaschine unterwegs, die entweder Bäume abgesägt oder diese an den Weg transportiert hat. In diesem Sinne kann es spannend sein, die Spuren anderer Menschen zu untersuchen.

Tiere beobachten

Zugegeben: Immer nur Bäume zu sehen kann früher oder später ein bisschen einseitig werden. Und selbst die spannendste Spurensuche wird irgendwann ein wenig fade. Die richtige Würze erhält ein Waldspaziergang erst durch Tierbeobachtungen. Dabei gilt eine eiserne Regel: Je größer das Tier, desto seltener werden die Sichtungen. Das hat zwei Ursachen. Größere Tiere benötigen mehr Lebensraum. Ein Luchs streift auf über fünfzig Quadratkilometern herum, während einer Wildkatze schon fünf bis zehn genügen. Ein Fuchs braucht weniger als einen Quadratkilometer, und ein Reh kommt mit 0,02 aus. Sie sehen: Fleischfresser haben größere Reviere als Pflanzenfresser. Bei den kleinen Tieren gilt das sinngemäß genauso, doch in wesentlich kleinerem Maßstab. Spinnen etwa, die ebenfalls andere Tiere erbeuten, drängeln sich in einem intakten Wald mit bis zu hundert Exemplaren – auf einem einzigen Quadratmeter![1] Wenn Sie sich also ins kuschelig-weiche Herbstlaub legen, haben Sie jede Menge Zaungäste. Und diese Spinnen wollen Fliegen, Asseln, Springschwänze oder Hornmilben erbeuten, die sich in noch viel größeren Stückzahlen unter den Blättern tummeln. Falls Sie sicher Tiere beobachten möchten, sollten Sie in die Hocke gehen und sich auf einen Quadratmeter konzentrieren. Ein kleines Sandsieb (aus dem Spielzeugladen) sowie eine Lupe leisten gute Dienste auf solch einer Expedition in den Mikrokosmos. Eine Picknickdecke, auf die Sie sich legen können, verlängert die Beobachtungszeit und macht die Entdeckungen zum Genuss.

Allerdings wird es schnell langweilig, wenn Sie die Arten, die um Sie herumwuseln, nicht bestimmen können. Und da es so viele sind, sollten Sie sich auf jeweils eine Klasse von Tieren konzentrieren und ein passendes Bestimmungsbuch mitnehmen. Um beim Beispiel Spinnentiere zu bleiben: Allein von der Ordnung der Webspinnen (von denen trotz des Namens nicht alle Netze fertigen) gibt es über tausend Arten bei uns. Das sollte für etliche anregende Beobachtungen reichen, zumal Sie möglicherweise auch Neuankömmlinge finden, die durch den globalisierten Handel in zunehmendem Maße bei uns einwandern. So stieß meine Tochter zu ihrem Erschrecken unter den losen Platten ihres Balkons auf mehrere giftige Schwarze Witwen, die eigentlich in südlicheren Ländern zu Hause sind.

Größere Tiere haben den Vorteil, dass sie während einer Wanderung zu sehen sind. Doch da gerade sie im Fokus von Jägern stehen, sind sie oft extrem scheu. Zwei Zeiten im Jahr lassen Rehe, Hirsche und Co. jedoch zahmer werden. Die eine ist die Paarungszeit. Hier vernebeln die Hormone die Sinne, sodass speziell die männlichen Tiere unvorsichtiger werden. Die Hirschbrunft etwa ist selbst in stark bejagten Gebieten oft ein Touristenmagnet, und in Extremfällen, wie in einem Nachbarort meiner Heimatgemeinde Hümmel, kann man sich mit dem Klappstuhl an den Straßenrand setzen und für zwei Wochen im Jahr liebestolle Hirsche dabei beobachten, wie sie röhren und ihren Harem zusammentreiben. Die andere Phase ist die Schonzeit. Wenn die Gewehre Ende Januar verstummen, spricht sich das rasch unter den Wildtieren herum. Je länger der letzte Schuss zurückliegt, desto mehr vergessen die gejagten Arten ihre Angst. Kurz vor dem ersten Mai, wenn in vielen Landstrichen die Jagdsaison von Neuem startet, sind die besten Beobachtungen möglich. Nun grasen Hirsche und Rehe friedlich auf Wiesen und an Waldrändern und lassen sich von Wanderern kaum stören, solange die Distanz nicht weniger als hundert Meter beträgt.

Die Wildkatze habe ich schon vorgestellt, doch im Rahmen von Tierbeobachtungen muss ich sie noch einmal erwähnen. Denn ganz so einfach sind die Sichtungen bei dieser Art nicht, und das liegt an drei Dingen: Die Scheuheit lässt das Tier in sehr dünn besiedelte, kaum von Menschen belaufene Areale ausweichen, was gleichzeitig bedeutet, dass Sie in touristisch gut erschlossenen Gebieten kaum jemals ein Exemplar zu Gesicht bekommen. Der zweite Punkt ist ihre geringe Anzahl. Nur wenige Tausend Katzen verteilen sich auf Zehntausende Quadratkilometer (mit vielen unbesiedelten Waldgebieten dazwischen). Und dort, wo sie denn vorkommen, teilen sie sich den Lebensraum um die Dörfer mit Millionen von Hauskatzen, von denen die getigerten Varianten ihren wilden Kolleginnen zum Verwechseln ähneln. Ganz sicher kann niemand eine Sichtung einer Wildkatze zuordnen, aber es gibt gewisse Anhaltspunkte.

Da wäre zunächst das Fell. Es ist bei der wilden Art nur verwaschen getigert und farblich ein Grau-Ocker-Gemisch. Durch das längere Haar ist der Schwanz buschiger, schwarz geringelt und endet stumpf mit schwarzem Abschluss. Der Nasenspiegel ist fleischfarben, die Körpergröße und das Gewicht liegen ein wenig über dem der Hauskatze. Da aber junge Wildkatzen deutlicher getigert sind (und natürlich kleiner), sind Verwechslungen vorprogrammiert. Letzte Sicherheit liefert nur eine genetische Analyse. Zumindest im Winter gibt es einen weiteren Anhaltspunkt: Sichten Sie das Tier mehr als zwei Kilometer entfernt vom letzten Haus, steigt die Wahrscheinlichkeit steil an, dass es sich um eine Wildkatze handelt. Haustiere mögen bei Kälte keine Ausflüge, die weit vom heimischen Ofen fortführen, den Wildkatzen bleibt dagegen gar nichts anderes übrig als etwa einen hohlen Baum aufzusuchen und sich dort einzukuscheln.

Eine ganz einfache und dennoch perfekte Beobachtungsmöglichkeit bietet ein Futterhäuschen für Vögel. Ich war früher vehement dagegen, so etwas in unserem Garten aufzustellen. Schließlich verfälscht das künstliche Nahrungsangebot die Artenzusammensetzung. Der Winter ist normalerweise die Zeit der Auslese, und die Arten, die bei uns bleiben, müssen mit dem kärglichen Futter auskommen, das unter Schnee und Eis noch zu finden ist. Helfen wir ihnen mit Fettknödeln und Sonnenblumenkernen über die Runden, überleben viel mehr Exemplare, die im Frühjahr in großen Scharen die Brutreviere besetzen. Da sie dann mit den aus dem Süden heimkehrenden Zugvogelarten um Insekten konkurrieren, sieht es für jene schlechter aus. Ihnen hat niemand geholfen, und wenn sie sich von ihrem anstrengenden Flug erholen und eine neue Familie gründen möchten, ertönt an vielen Orten schon ein gezwitschertes »Besetzt!«.

Ich war also dagegen – war. Denn irgendwann gab ich dem Drängen meiner Kinder nach und baute wider besseres Wissen doch ein Futterhäuschen. Fortan wurde fleißig vom Küchenfenster aus beobachtet, vor dem es installiert worden war. Und auch für mich hat es sich gelohnt. Denn kaum stand der im roten schwedischen Stil gebaute Vogelmagnet, kam auch schon eine Rarität angeflogen: der Mittelspecht. Er ist der kleinere Verwandte des Buntspechts und benötigt alte Buchenwälder, um zu überleben. Solche Wälder sind in meinem Revier zum Glück noch vorhanden, und sie werden als Reservate streng geschützt. Der Mittelspecht braucht Bäume im Alter von über 200 Jahren, und das aus einem ganz simplen Grund. Jüngere Buchen haben eine glatte Rinde, an der sich der Vogel nicht festhalten kann. Erst im höheren Alter bilden sich Risse (oder, liebevoller gesagt, Falten), in denen die Krallen Halt finden.

Obwohl sich ein solches Reservat direkt an unser Grundstück anschließt, hatte ich bis dato noch keines der seltenen Tiere gesichtet. Umso mehr freute ich mich, nun regelmäßig Besuch von diesen Spechten zu bekommen.

Um bei der Fütterung zu bleiben: Warum sollte sie bei den Vögeln haltmachen? Oder, wenn sie bei Rehen und Hirschen ein Problem darstellt, weil sich dadurch deren Bestände vergrößern, warum sollte sie bei Vögeln in Ordnung sein? Ein echtes Dilemma, welches von Lobbyisten gerne ausgenutzt wird. So schreckten vor einigen Jahren Zeitungsmeldungen die Öffentlichkeit in meinem Heimatkreis Ahrweiler auf: Hirsche würden in größerem Umfang hungern und sogar verhungern. Die Not der Tiere war so groß, dass sie sogar in Viehställe eindrangen und dort den Kühen das Heu wegfraßen. Ein Kollege schickte mir per Handy ein Foto, auf dem ein junger Hirsch zu sehen war, der gerade ein Vogelhäuschen in einem Vorgarten plünderte. So etwas hatte ich in meinen ganzen Berufsjahren noch nicht gesehen. Musste man hier nicht eingreifen? Sollte man nun nicht Heu, Rüben und Hafer in den Wald fahren, um den imposanten Tieren zu helfen?

Dieser Reflex ist menschlich, doch paradoxerweise hatte er diese Situation verursacht. Wie später noch im Kapitel »Waidmannsheil« beschrieben wird, führt die Fütterung durch Jäger dazu, dass der Winter seine strenge Auslesefunktion nicht mehr ausüben kann. Tierbestände, deren Zahlen oberhalb dessen liegen, was das Ökosystem verkraften (sprich: ernähren) kann, gehen in der kalten Jahreszeit normalerweise zugrunde. Verhungern ist, so grausam es klingt, also etwas völlig Natürliches. Nur so hält sich die Vegetation mit der Pflanzenfresserpopulation im Gleichgewicht. Mitleid und die dadurch ausgelösten Fütterungen führen nur dazu, dass viel mehr Tiere überleben, mit der Folge, dass sich das Problem immer mehr hochschaukelt. Zudem verbreiten sich Parasiten wie etwa Bandwürmer viel stärker und schwächen Hirsche und Co. zusätzlich. Aus diesem Grunde ist die Versorgung des Wildes mit landwirtschaftlichen Produkten in den meisten Regionen grundsätzlich behördlich untersagt. Doch die Kontrollen sind so schwach, dass die Regelungen häufig ignoriert werden – das Problem bleibt bestehen.

Leider kommt nun im Winter in den Mittelgebirgen oft eine mehrwöchige Schneelage hinzu, wodurch die schwächsten Exemplare rasch an Entkräftung sterben. In besagtem Winter forderten die Jäger besonders vehement, nun endlich wieder größere Futtermengen in den Wald zu fahren. Ob Aktionen vor Politikern oder sogar Schulkindern: Es wurden alle Register gezogen, um die Behörden zu Zugeständnissen zu zwingen. Letztendlich wurde das Fütterungsverbot tatsächlich ein wenig gelockert, obwohl es da schon zu spät war: Durch den Behördendschungel hatten die Prüfungen so lange gedauert, dass der problematische Tiefschnee schon längst geschmolzen war. Während diese Fütterungen nicht der Beobachtung dienen, ist das im Falle von Eichhörnchen, aber auch größeren Säugetieren wie dem Wolf schon ganz anders. Speziell bei Letzterem wird es für die Tiere sogar brandgefährlich: Wer Beutegreifer an den Menschen gewöhnt, provoziert ihren behördlich angeordneten Abschuss.

Es gibt aber auch zulässige, sogar sehr romantische Möglichkeiten, den Beobachtungen auf die Sprünge zu helfen: indem Sie sich auf den Rücken eines Pferdes begeben.

Jäger sehen wenig Wild, weil es große Angst vor zweibeinigen Raubtieren hat – das haben wir schon im Kapitel »Querfeldein« geklärt. Normale Wanderer werden nicht ganz so kritisch beäugt, doch noch besser haben es Reiter: Sie sehen am meisten Rehe und Hirsche. Pferde sind nun mal Pflanzenfresser und werden damit als ungefährlich eingestuft. Wie in der Serengeti kümmert man sich um andere Arten des gleichen Typs wenig, sondern zieht gelassen seiner Bahn. Und wenn nun ein Mensch auf diesem friedlichen Wesen sitzt, so wird er offenbar als Teil des Pferdes wahrgenommen. Zusammen mit der erhöhten Sitzposition ergibt das eine deutlich gesteigerte Chance, wilde Tiere zu beobachten. Nun sind Pferde groß, und, ich gestehe es, ich hatte früher auch gehörige Angst vor ihnen. Ein Tritt mit den Hufen, und schon ist auch das kräftigste Bein zerschmettert. Doch mittlerweile komme ich gut mit Pferden aus, vor allem deshalb, weil wir seit vielen Jahren selbst welche haben. Ich wollte zwar nie reiten, doch meine Frau erfüllte sich zu Beginn des neuen Jahrtausends den Traum, mit Pferden zu leben. Das zweite Tier, nur dazu gekauft, damit das eigentliche Reitpferd nicht alleine stehen musste, wollte auch beschäftigt werden, und so überwand ich meine Scheu. Auf Bridgi (so der Name der jungen Stute) lernte ich reiten. Und ich stellte fest, dass der Wald aus dieser relativ geringen Erhöhung des Blickwinkels ganz anders aussieht.

Grundsätzlich können Sie Ihre Beobachtungschancen auch mit dem Auto erhöhen. Das kennen Sie vielleicht schon aus dem Straßenverkehr: Weil Fahrzeuge nicht als Bedrohung wahrgenommen werden, grasen Hirsche und Rehe gerne auf den saftig grünen Böschungen von Autobahnen und Landstraßen, wodurch es dann zu entsprechend vielen Wildunfällen kommt. Im Auto sitzend ist Ihre Position niedriger als auf einem Pferd, andererseits sind Sie so wetterunabhängig. Das Ganze funktioniert nur, weil es verboten ist, aus einem Fahrzeug heraus zu schießen. Wildtiere verknüpfen mit rollenden Blechmaschinen also niemals Gefahr. Einziger Haken: Sie dürfen in der Regel nicht durch den Wald fahren. Aber ein abendlicher Trip entlang der heimatlichen Verkehrswege bringt möglicherweise mehr Sichtungen als das stundenlange Warten an einem Aussichtspunkt im Wald.

Bisher haben wir uns nur mit Arten beschäftigt, die man leicht mit bloßem Auge sehen kann. Das ist verführerisch, denn allzu oft messen nicht nur Laien, sondern auch Profis die Artenvielfalt an ihnen. Den ganzen kleinen Wichten, die unserer eingebauten Optik entgehen, wird damit auch kaum Aufmerksamkeit geschenkt. Leider ist damit oft ein Wertschätzungs-Ranking verbunden. Adler gegen Laufkäfer, Luchs gegen Springschwanz – es ist klar, wer hier jeweils unser Sympathiesieger würde. Dabei lohnt ein Blick auf den Boden und durch die Lupe.

In den alten Wäldern von Hümmel wurde jüngst der Schuppige Totholzrüssler entdeckt. Das klingt nur wenig sympathischer als der lateinische Name: *Trachodes hispidus*. Dabei ist das Kerlchen wirklich putzig. Der Käfer hat einen Rüssel wie ein Elefant; die Rückenlinie zieren aufgestellte Schuppen, die wie ein Irokesenschnitt wirken.[2] Meine interne Bezeichnung lautet »Irokesenkäfer«. Er kann nicht fliegen, und das braucht er normalerweise auch nicht. Als typische Urwaldart lebt er in uralten Ökosystemen, die sich über Jahrtausende hinweg nicht verändern. Wird er gestört, so zieht er die Beinchen an und stellt sich tot – wegfliegen kann er ja nicht. Durch seine braune Farbe ist er in der Laubstreu des Bodens oder auf abgestorbenen Zweigen optimal getarnt und entgeht damit leider auch Ihren Blicken, falls Sie nicht geschult sind. Ich finde solche Arten besonders interessant, weil ihr Vorkommen anzeigt, dass an dieser Stelle Laubwald steht, der noch von den Urwäldern abstammt. Entgegen den meisten Flächen Europas, die im Verlauf der Geschichte gerodet, gepflügt und beweidet wurden, bevor unsere Vorfahren sie wieder aufforsteten, finden wir hier ungestörte alte Böden, in denen sich die kleinen Irokesen pudelwohl fühlen. Vielleicht sollte man als Attraktion einmal professionell begleitete Käferwanderungen anstelle von geführten Vogelbeobachtungen anbieten – die scheuen Gesellen hätten es verdient.

Wenn Tiere nicht zu finden sind, bieten sich Pflanzen zur Beobachtung an. Und bloß, weil sie nicht weglaufen können, heißt das noch lange nicht, dass es nichts Spannendes zu entdecken gäbe.

Ab in die Pilze!

Mit dem freien Betreten sind Ihre Rechte in heimischen Wäldern noch nicht erschöpft. Sie dürfen nicht bloß umherlaufen, nein, wenn es dort etwas Essbares zu ernten gibt, dann können Sie herzhaft zugreifen. Wo darf man das sonst? Stellen Sie sich vor, Sie haben einen kleinen Garten mit einem Erdbeerbeet. Gerade werden die Früchte reif, da spaziert eine wildfremde Familie zum Tor herein und füllt sich einen hübsch geflochtenen Korb. Ihre Sträucher bleiben kahl zurück, und Ihre Träume von selbst gemachter Marmelade lösen sich in Luft auf. Das ist natürlich streng verboten, allerdings nur in Ihrem Garten. Sollten Sie dagegen Wald besitzen, müssen Sie nicht nur das Durchlaufen dulden, sondern tatsächlich auch das Einsammeln jeglicher Früchte. Mit einer kleinen Einschränkung: Es darf nur so viel geerntet werden, wie für eine Mahlzeit notwendig ist. Und damit der Essenstisch auch schön dekoriert werden kann, ist ein Handstrauß selbst gepflückter Blumen auch noch zulässig.

Nun könnte man einwenden, dass ein Waldbesitzer nicht extra Brombeeren, Walderdbeeren und Pilze anbaut – diese

Gewächse kommen von ganz alleine überall dort vor, wo sie sich wohlfühlen. Richtig, trotzdem sind sie ein Produkt der eigenen Parzelle, gehören also den Eigentümern. Da Wald aber einen großen Teil unserer Landschaft einnimmt und zu starke Restriktionen die Erholung der Bevölkerung gefährden würden, gilt hier die Sozialpflichtigkeit des Eigentums. Hinter dem sperrigen Begriff verbirgt sich der Grundsatz, dass individuelle Interessen nicht zu Lasten des Gemeinwohls gehen dürfen. Doch irgendwo ist eine Grenze, und die wird im Fall der Pilze bei größeren Mengen überschritten. Ich habe schon oft Kleinbusse im Wald parken gesehen, deren Insassen, meist fünf bis sieben Personen, mit Plastikeimern in den umliegenden Parzellen unterwegs waren. Was heißt unterwegs – sie durchkämmten die Bestände regelrecht, mit der Folge, dass kein, wirklich kein Speisepilz mehr übrig blieb. Die Eimer wurden in Waschkörbe entleert, und so ging es tagelang weiter.

Das ist nicht nur unfair gegenüber anderen Pilzsammlern, sondern schlicht verboten. Denn zum einen wird die Menge einer Mahlzeit überschritten, zum anderen machen das solche Trupps gewerblich. Wer weiß, dass beispielsweise Steinpilze beim Verkauf an Restaurants bis zu fünfzig Euro pro Kilogramm bringen, kann sich ausrechnen, welche Werte solch ein Kleinbus täglich nach Hause schafft. Ich schätze, dass im Herbst ein großer Teil der Pilzgerichte aus heimischen Wäldern, die Restaurants anbieten, aus derlei illegalen Sammlungen stammt. Ein Kavaliersdelikt? Finde ich nicht, denn gierige Geschäftemacher gefährden den Grundsatz der Freiheit für alle. Allerdings ist die Ahndung solcher Delikte mehr als schwierig, denn was soll man als Förster machen, wenn eine Gruppe aufgebrachter Sammler jegliche Einsicht verweigert? Es bleibt die Anzeige via Kfz-Kennzeichen, Ausgang ungewiss und im Erfolgsfall mit einem zweistelligen Bußgeld belegt.

Pilze sind übrigens ganz besondere Wesen. Weil die Wissenschaft sie nicht so recht einordnen kann, hat sie die belebte Umwelt in Pflanzen, Tiere und Pilze eingeteilt. Wie die Tiere können sie Nahrung nicht selbst erzeugen und sind somit auf fremde organische Substanz angewiesen. Wie bei Insekten bestehen ihre Zellwände teilweise aus Chitin, doch ein zentrales Nervensystem fehlt ihnen. Für die Bäume sind etliche Arten wichtige Partner. Sie helfen ihnen bei der Suche nach Wasser und Nährstoffen, indem sie die dünnen Wurzelspitzen umschließen und dort sogar hineinwachsen. Mit ihrer watteartigen Konsistenz vergrößern sie die wirksame Oberfläche um ein Vielfaches; entsprechend mehr an wichtigen Stoffen gelangt in den Baum. Giftige Substanzen wie Schwermetalle halten sie ihren grünen Partnern vom Leib, und gegen aggressive Pilzarten bilden sie eine wirksame Barriere.

Das ist aber noch nicht alles: Bäume verständigen sich über die Wurzeln und warnen sich etwa vor einem Insektenbefall oder einer bevorstehenden Dürre. Da ihre eigenen Ausläufer allerdings nicht in jeden Winkel reichen, übernimmt das Pilzgeflecht den Weitertransport der Botschaften. Wissenschaftler sprechen daher von einem »Wood Wide Web«, dem Internet des Waldes. Die Pilze lassen sich die Dienste für die Bäume königlich bezahlen: Bis zu einem Drittel der gesamten Produktion eines Baums muss dieser an seine verborgenen Helfer weitergeben, meist in Form von Zucker. Ein Drittel, das ist ungefähr so viel wie das Holz des Stammes (der Rest geht für die Bildung von Zweigen, Blättern und Früchten drauf). Die Pilze verbrauchen diese geballte Energie nicht nur für das tägliche Leben, sondern auch zur Bildung ihrer Fruchtkörper. Die Pilze, die Sie sammeln können, sind tatsächlich vergleichbar mit den Äpfeln eines Apfelbaums. Der eigentliche Pilz wächst mit seinen hauchdünnen weißen Fäden durch den

Boden und vernetzt sich dort mit vielen Pflanzen. Er kann dabei gigantische Ausmaße annehmen. Der größte bisher gefundene Vertreter ist ein dunkler Hallimasch im Malheur National Forest in den USA. Der Pilz hat sich hier über neun Quadratkilometer ausgebreitet und wiegt mindestens 600 Tonnen. Er ist damit das größte bekannte Lebewesen der Erde, sein Alter wird auf mehrere Tausend Jahre geschätzt.[3] Allerdings verhält er sich in Bezug auf Bäume nicht besonders rücksichtsvoll, denn er tötet sie zur Nahrungsgewinnung ab.

Haben Sie sich auch schon einmal gefragt, warum Pilze überwiegend im Herbst Fruchtkörper bilden? Die Antwort liegt bei den Bäumen. Die Fruchtkörper der meisten essbaren Waldarten werden ja indirekt aus Baumzucker hergestellt, und dazu muss der Baum entsprechende Mengen liefern. Im Frühjahr und Sommer braucht er das meiste davon selbst, um Blätter, neue Triebe und Früchte hervorzubringen. Im Spätsommer jedoch haben die meisten Bäume schon genug für den Winter und das kommende Frühjahr eingelagert. Ein zunehmender Teil der Produktion kann jetzt an die Partner im Erdreich abgegeben werden, die sich ihrerseits nun fleißig ans Vermehren machen. Und dabei die leckeren »Pilze« produzieren, die Sie oder besagte professionelle Trupps anschließend sammeln können.

Andere Waldfrüchte sind nicht so beliebt, dass sie den profitorientierten Eifer auf sich lenken. Brombeeren, Himbeeren, Heidelbeeren und Schlehen gehören neben Haselnüssen oder auch den bitteren Wildäpfeln dazu, aus denen man zumindest ein schmackhaftes Gelee kochen kann. Doch nun stellt sich eine ganz andere Frage: Nimmt man damit nicht den Tieren etwas weg? Wildschweine, Rehe, Vögel, Schnecken und Insekten sind dringend auf die Früchte angewiesen und können den fehlenden Kalorienbedarf schlecht anderweitig decken. Bei den Pilzen haben wir die Frage schon beantwortet: Die gähnende Leere, die die Suchtrupps hinterlassen, ist wirklich nicht gut für die Natur. Wenn Sie dagegen für eine Familienmahlzeit sammeln und die erkennbar wurmstichigen oder angefressenen Exemplare stehen lassen, bleibt für die Mitgeschöpfe noch genügend übrig, zumal Sie sowieso nur einen Bruchteil finden werden. Mit Beeren verhält es sich noch einmal anders, denn die meisten Arten waren im Wald ursprünglich gar nicht zu finden. Ob Brombeeren, Heidelbeeren oder Schlehen, sie alle brauchen viel mehr Licht, als unter Urwaldbäumen zu finden ist. Erst mit Durchforstungen oder Kahlschlägen kommt genügend Sonne auf den Boden, sodass diese Pflanzen gedeihen. Ohne es zu wollen, haben Förster und Waldarbeiter aus den Lichtungen eine Art Kulturlandschaft gemacht, auf der Früchte gedeihen, die niemand gesät hat. Für die Tiere ist das Futterangebot daher unnatürlich groß, und insofern passt es sogar ganz gut, wenn Sie sich ebenfalls bedienen.

Früher war die Lage problematischer, weil man noch ganz andere Dinge gesammelt hat. Besonders in der Zeit nach dem letzten Weltkrieg waren Fett und Öl Mangelware, sodass in den Wäldern Bucheckern gesammelt wurden. Die sind dort von Natur aus in den meisten Jahren schon rar, und die Tiere benötigen die Kalorienbomben dringend für den nächsten Winter. In ihrer Not griff die Dorfbevölkerung zu rabiaten Methoden. Man wollte nicht warten, bis die Samen von allein herunterfielen, und schlug daher mit dicken Hämmern gegen die Stämme. Dass die Bäume dabei schwer verletzt wurden, nahm man damals in Kauf. Das Sammeln von Feuerholz, insbesondere des nicht anders verwertbaren Reisigs, war ebenfalls bis nach dem Krieg verbreitet und schadete dem Wald sehr. Denn gerade Zweige enthalten prozentual besonders viel Rinde und damit Nährstoffe – der Wald blutete regelrecht aus, Kleinsttiere hatten schlicht nichts mehr zu fressen. Zusammen mit der Streunutzung, dem Zusammenfegen von Laub für den heimischen Stall, verarmte diese Sammeltätigkeit die Waldböden so, dass die Praxis verboten wurde und prinzipiell bis heute ist. Prinzipiell deshalb, weil sie gerade durch die Hintertür im industriellen Maßstab wieder Einzug hält. »Waldrestholz« heißt das Zauberwort und meint alles, was nicht in Form von Stämmen nutzbar ist. Kronenteile, Äste und Zweige werden nach einer Holzernte von Maschinen gebündelt und am Wegesrand zum Trocknen abgelegt. Nach Monaten dann kommt ein Häcksler, zerschreddert den Haufen und bläst das Hackgut auf einen Lkw. Der steuert das nächste Biomassekraftwerk an, wo das Kleinholz in Ökostrom verwandelt wird. Für den Wald macht es allerdings keinen Unterschied, ob wie früher ein altes Mütterchen Tag für Tag Reisigbündel für den heimischen Holzherd abtransportiert oder Reisigbündler (so heißen die PS-Monster) alles voll automatisiert erledigen – der Wald leidet im ersten Fall wahrscheinlich sogar weniger.

Besondere Spezies von Waldnutzern tauchen kurz vor Weihnachten auf. Sie haben es auf grüne Polster zur Ausstattung von Krippen abgesehen: das Moos. Nun ist nichts dagegen einzuwenden, wenn Sie sich ein wenig davon einpacken, um zu Hause eine romantische Dekoration zu verwirklichen, auch wenn Sie dabei skurrile Tiere mit im Gepäck haben. Da wären etwa die Bärtierchen. Sie sind weniger als einen Millimeter groß und gehören zu den erstaunlichsten Lebewesen. Wenn sie austrocknen (wie etwa vor Ihrer Krippe), ziehen sie die Beinchen in den Körper, krümmen sich und sind von da an unverwüstlich. Ob extreme Kälte oder Hitze, alles erträgt der kleine Körper, ohne Schaden zu nehmen. Sobald die Temperaturen wieder im angenehmen Bereich liegen und ein Tröpfchen Wasser das Wesen benetzt, ploppen die Beinchen wieder heraus, und es bewegt sich weiter, als wäre es in seinem Bewegungsdrang nie unterbrochen worden.[4] Selbst ein kurzer Aufenthalt im Weltall würde den Bärtierchen nicht schaden. Wenn Sie das Moos nach Gebrauch also wieder nach draußen bringen, sind alle Beteiligten zufrieden.

Weniger zufrieden bin ich, wenn ich auf professionelle Sammler stoße. Sie stopfen ganze Stücke in Zwiebelsäcke und packen kleine Transporter randvoll damit, um auf Weihnachtsmärkten auf Kosten des Waldes zu verdienen. Solchen Raubbau unterbinde ich in meinem Revier konsequent, ebenso das kommerzielle Sammeln von Pflanzen, die eingetopft ebenfalls vermarktet werden. Solche Aktivitäten gefährden das freie Betreten durch jedermann und das Sammeln von Früchten, Pilzen und Blumen für den Hausgebrauch. Regelmäßig sind nicht nur in Deutschland, sondern auch in Österreich, der Schweiz und gerade in Skandinavien Stimmen zu hören, die das abschaffen möchten. Daher sehe ich das Handeln rücksichtsloser Profis nicht als Kavaliersdelikt. Skandinavien ist erwähnenswert, weil dort das sogenannte »Jedermannsrecht« gilt. Dort dürfen Sie neben den für Deutschland beschriebenen Dingen sogar eine Nacht zelten, wo Sie möchten. Ausgenommen sind lediglich erkennbare Privatgrundstücke rund um die Häuser, doch die großen Wälder und Ufer Tausender Seen stehen Ihnen zur Verfügung. Feuermachen ist ebenfalls möglich, außer bei großer Trockenheit. Wie großzügig diese Regelung ist, haben wir mehrfach erfahren, zuletzt auf einer Wanderung durch den Sarek-Nationalpark, der auch als »Europas letzte Wildnis« bezeichnet wird. Während wir hier zu Hause auf den Wegen bleiben müssen, dürfen wir in Lappland quer durchs Gebirge laufen und übernachten, wo wir möchten. Dieses Freiheitsgefühl ist nur so lange erlebbar, wie Touristen und Einheimische respektvoll mit diesem Vertrauen umgehen.

Frisch gewaschen und – zerstochen

Der Winter hat viele Vorteile. Es herrscht eine besondere Ruhe im Wald. Kaum ein Wanderer ist unterwegs, die Pilzsucher haben ihre Körbchen längst wieder auf den Dachboden gestellt, und ab Ende Januar sind auch keine Jäger mehr zu sehen. Vor allem aber: Es gibt keine Mücken und Gnitzen (sehr kleine, fliegenartige Stechmücken). Natürlich gibt es sie noch, aber sie sind nicht aktiv, sondern schlummern friedlich dem nächsten Frühjahr entgegen. Wird es wärmer, dauert es noch bis in den Mai hinein, bis sich größere Populationen der kleinen Blutsauger gebildet haben. Gerade feucht-warme Wochen können die Entwicklung explosionsartig beschleunigen – innerhalb von vierzehn Tagen entsteht aus einem abgelegten Ei ein flug- und stechfähiges Insekt. Kleine Tümpel und Pfützen reichen schon aus, um den Larven ein Zuhause zu bieten. Mücken und Gnitzen lieben feuchte Luft. Wenn morgens also die Sommersonne über die tauverhangenen Wiesen steigt, fühlen sich die Plagegeister richtig wohl. Trockene Luft und flirrende Sommerhitze mögen sie gar nicht, doch es gibt ja Ausweichmöglichkeiten: den Wald. Hier ist die

Luftfeuchtigkeit deutlich höher, hier herrscht ewiger Schatten. Falls Sie in einem regenreichen Jahr wandern und einen Rastplatz suchen, sollte er nicht im tiefen Wald, sondern am Rande einer Lichtung sein – in der ersten Reihe unter den Bäumen wirkt noch die trockene Luft der Freifläche, und dennoch können Sie den Schatten genießen. Noch besser ist ein windiger Platz, denn den hassen die Minipiloten wie die Pest. Hier können sie ihre Opfer nicht richtig ansteuern, weil sie im Landeanflug ständig weggeweht werden.

Die Tageszeit spielt ebenfalls eine große Rolle: Morgens und abends ist die Sonne schwach und die Feuchtigkeit dementsprechend höher, um die Mittagszeit dagegen sind die Bedingungen für Mücken und Co. am schlechtesten. Abgesehen vom Wald, der speziell nach Regengüssen besonders attraktiv ist. Was Sie keinesfalls machen sollten, ist eine Haarwäsche kurz vor der Wanderung. Mücken und Gnitzen sind ganz versessen auf den Geruch von frischem Shampoo und stürzen sich regelrecht auf die Kopfhaut. Wenn Sie nicht mit ungewaschenen Haaren hinausgehen möchten, hilft nur noch ein Hut (der die Frisur allerdings direkt ruiniert).

Und dann wären da noch die Bremsen. Gemeinerweise lieben sie es genau andersherum: Sie fliegen am liebsten in der prallen Mittagssonne. Wenn Sie also vor den Mücken vom dunklen Wald ins Freie fliehen, kann es sein, dass Sie dort bereits erwartet werden. Ich habe es bei einer Wanderung mit meinem Bruder erlebt. Wir waren im Nationalpark Eifel unterwegs, das Wetter passte bestens, und der Weg schlängelte sich idyllisch entlang eines Bachs, umgeben von Wiesen. Dabei wurde mein Bruder auf einer Wegstrecke von mehreren Kilometern so attackiert, dass wir die Wanderung abbrechen mussten. Und Bremsen sind wirklich gemein. Gut, sie können nichts für ihr angeborenes Verhalten. Doch der beharrliche Anflug, das sanfte Aufsetzen und dann der schmerzhafte Biss – da muss man schon extrem tierliebend sein, um das zu tolerieren. Wenn Sie die Wahl zwischen Pest und Cholera haben, also zwischen Mücken und Bremsen, wählen Sie lieber die Mücken und damit den tiefen Wald. Bremsen verabscheuen Schatten und sind dann sofort weg.

Lässt sich der Wanderweg nicht frei wählen (weil Sie zum Beispiel in einer Gruppe unterwegs sind und der Organisator solche Feinheiten nicht bedacht hat), können Sie sich anderweitig behelfen. Stichfeste Kleidung wäre eine Variante. Outdoor-Bekleidungshersteller bieten Gewebearten für Hemden, Blusen und Hosen an, die garantiert stichfest sind. Ich habe es auf meinen Lapplandreisen mehrfach ausprobiert: Hose und Hemd hielten, was sie versprachen. Dennoch hatte ich am Ende eines langen Wandertags durch das schwedische Hochgebirge rund vierzig Stiche von riesigen Gnitzen (bei uns normalerweise millimeterklein). Die Schwachstelle war aber nicht der Hosenstoff, sondern die Tatsache, dass sich beim Hinsetzen die Hosenbeine hochziehen und den Blick auf die Socken freigeben. Die Insekten hatten das sofort erkannt und stachen durch das schwarze Wollgewebe.

Eine andere Möglichkeit sind chemische Präparate. Mit ihnen werden nicht nur freiliegende Hautstellen, sondern im Zweifelsfall auch Haare und nicht stichdichte Kleidung eingesprüht. Doch Achtung: Manche Mittel lösen Kunststoff an, sodass Gewebe aus entsprechenden Fasern angelöst werden können. Und nicht nur das. Stoffe wie DEET (Diethyltoluamid) gehen nicht nur Mücken auf die Nerven, sondern auch Ihnen, und das im Wortsinne. Denn sie diffundieren leicht durch die Haut, gelangen ins Blut und damit auch in die Nerven. Kribbeln und Taubheitsgefühle sind das kleinere Übel; sie stehen auch unter Verdacht, Hirnschädigungen hervorzurufen. Harmloser sind Präparate auf rein pflanzlicher Basis, etwa mit Zedernöl. An den penetranten Geruch kann man sich gewöhnen, das scheinen Mücken ebenfalls so zu sehen. Die abschreckende Wirkung hält sich in Grenzen und schwindet schon nach wenigen Stunden, sodass nachgecremt werden muss. Und nun? Wir machen es so, dass wir grundsätzlich mückenfeste Kleidung tragen und nur an den Schwachpunkten (Sockenbereich, Hände, Gesicht und Nacken) mit einem wirksamen chemischen, laut Stiftung Warentest aber gut verträglichen Mittel eincremen. Falls nur Mücken und nicht auch Bremsen oder Zecken das Problem sind, genügt der eigene »Fahrtwind«, der durch die Fortbewegung erzeugt wird. Nur bei längeren Pausen ist mit Angriffen zu rechnen und eine entsprechende Gegenwehr einzuplanen.

Beim Lagern im Wald gilt es auch ein Auge auf andere Insekten zu halten: die Roten Waldameisen. Die Ikonen des Naturschutzes kommen natürlicherweise in unseren Breiten kaum vor. Durch den Siegeszug von Fichte und Kiefer, durch die Umgestaltung unserer Wälder zu Plantagen konnten die wehrhaften Tiere hier jedoch großflächig Fuß fassen. Sie gelten als Waldpolizei, als Beseitiger von Aas und Schädlingen. Und tatsächlich wird alles, was sich nicht mehr schnell genug fortbewegen kann, mit den scharfen Zangen zerlegt und anschließend gemeinschaftlich zu dem großen Hügel geschleppt. Tief im Inneren hausen Königinnen, die unermüdlich Eier legen und sich ansonsten füttern lassen. Der größte Haufen in meinem Revier, mittlerweile aber schon verlassen, hat einen Durchmesser von fünf Metern. Und das Nest ist sogar noch größer, denn es erstreckt sich auch unterirdisch noch einmal in ähnlichem Ausmaß.

Waldameisen haben ein ausgeklügeltes Klimasystem und heizen sich beispielsweise in der Sonne auf, wenn es innen zu kalt ist. Die warmen Tiere krabbeln anschließend wieder hinein und geben die Wärme innen ab. Im Winter bleiben sie tief im Inneren und werden höchstens durch Spechte und Wildschweine gestört, die im Haufen nach Larven suchen, welche dort von der Wärme profitieren möchten. Die dabei entstehenden Löcher werden im Frühjahr durch das Heranschleppen neuer Nadeln repariert. Nadeln ist das Stichwort: Waldameisen brauchen diese zum Hügelbau, in einem Laubwald könnten sie nicht überleben – oder haben Sie schon einmal einen Ameisenhaufen aus Blättern gesehen? In unseren einstigen Urwäldern, die überwiegend aus Buchen bestanden, konnte es die staatenbildenden Insekten demnach nicht gegeben haben. Dennoch gelten die Kulturfolger als schutzwürdig, und hier kommen wir noch einmal auf das Stichwort »Waldpolizei« zurück. Vor allem Förster schätzen an ihr, dass sie mit Borkenkäfern aufräumt. Und tatsächlich sind in starken Befallsjahren, wenn ganze Fichtenwälder von den kleinen Angreifern abgetötet werden, manchmal kleine grüne Inseln zu erkennen. Beim Nähergehen nimmt man dann in deren Mitte einen Ameisenhaufen wahr, dessen Bewohner die Käfer der Umgebung gerne vertilgen. Allerdings nicht nur als Schädlinge eingestufte Arten. Sie fressen einfach alles, auch streng geschützte Schmetterlingsraupen wie die des Eichenzipfelfalters. Die Begriffe »Nützlinge« und »Schädlinge« kennt die Natur eben nicht.

Ameisen laufen auf langen »Straßen« in das umliegende Gelände hinaus. Um schneller voranzukommen, sind auf diesen Minitrassen Hindernisse beiseitegeräumt, sodass Sie zumindest im direkten Umfeld des Haufens die Infrastruktur erkennen können. Je größer der Haufen, desto weiter schwärmen die fleißigen Tiere in die Umgebung aus. Entsprechend groß sollte der Abstand sein, den Sie beim Lagern einhalten. Waldameisen sind nicht gefährlich, aber sehr unangenehm. Im Gegensatz zu anderen Arten haben sie keinen Stachel, sondern beißen zur Abwehr. Um diese wirksamer zu machen, spritzen sie zusätzlich mit Ameisensäure um sich. Mir ist es nicht nur einmal passiert, dass sich so ein Wicht über die Schuhe ins Hosenbein vorgearbeitet hat, um dann (während der Autofahrt) herzhaft in weiche Hautteile zu beißen – aua! Im Zweifelsfall ziehen Sie also besser die Socken über die Hose, und wenn Sie in der Nähe eines Haufens stehen bleiben, hilft das Laufen auf der Stelle. Solange sich die Füße nämlich bewegen, springen die Tierchen in der Regel wieder ab.

Das Näherkommen ist spannend: Zu sehen, wie sich die Ameisen um die vielen Eingänge drängen oder um sie herum in der warmen Vormittagssonne aufheizen, wie und was sie alles anschleppen – ich schaue den Völkern gerne zu. Für alle, die noch nie die Säure gerochen haben, ist es eine Überraschung, wie scharf sie riecht. Dazu legen Sie die Hand kurz und leicht auf eine Stelle, auf der besonders viele Tiere sitzen. Diese krümmen nun den Hinterleib zwischen den Beinen nach vorne und bespritzen Ihre Haut. Nach zwei bis drei Sekunden schütteln Sie alle anhaftenden Ameisen ab und riechen anschließend an der dicht vor die Nase gehaltenen Hand. Der Duft ist so stechend, dass es fast schon wehtut.

Ameisen können Sie ausweichen, Mücken, Bremsen und Co. nur bedingt. Wie schön ist es, wenn ein harter Winter kommt und das ganze »Ungeziefer« eingeht! So höre ich es wenigstens sehr oft, und abgesehen davon, dass ich selbst solche unangenehmen Tiere nicht als hässlich betiteln möchte, stimmt es auch nicht. Harte Winter machen den Insekten nämlich gar nichts aus. Die meisten Mücken gibt es in der Arktis – kälter dürfte es bei uns wohl kaum werden. Achten Sie übrigens einmal bei Reportagen aus dem hohen Norden auf die Dinge außerhalb des Fokus. Dann merken Sie, wie viele Mücken die Kameraleute umschwirren und immer wieder durchs Bild huschen. Was sie wirklich stört, ist das gleiche Wetter, welches uns auf die Nerven geht: Winter, deren Temperaturen kaum unter den Gefrierpunkt gehen, dazu ständige Regenfälle, die alles durchfeuchten; das ist es, was Mensch und Tier krank macht. Während wir uns erkälten, fallen Pilze und Bakterien über die kältestarren Wichte her und bereiten vielen von ihnen den Garaus. Für größere Tiere gilt übrigens das Gleiche, wobei ein nasses Frühjahr die Lage nochmals verschärft – in diesem Fall ist nämlich der Nachwuchs noch wärmebedürftig und kühlt leicht aus.

Zurück zu den Parasiten. Haben Sie in der Aufzählung der Plagegeister die Zecken vermisst? Zu Recht, und da sie eine immer gefährlichere Rolle spielen, möchte ich sie Ihnen in einem eigenen Kapitel vorstellen.

Zeckenalarm

Wälder sind harmlose Naturräume, zumindest in Mitteleuropa. Die großen Raubtiere sind weitgehend ausgerottet (auf den Wolf kommen wir später noch zurück), und Räuberbanden, die Reisende überfallen, gibt es auch nicht mehr. Von Natur aus ist die Ausstattung mit giftigem Getier ebenfalls sehr mager, sodass unsere Landschaft einem friedlichen Vorgarten gleicht. Unsere Instinkte, die auf ständige Gefahrenabwehr getrimmt sind, haben nun nicht mehr viel zu tun. Wundert es da, dass sie sich andere Ventile suchen, um sich abzureagieren? Und da große gefährliche Tiere Mangelware sind, konzentrieren wir unsere Ängste eben auf kleine.

So kommt, wenn es in die Natur geht, zumindest im Sommer schnell die Frage auf: »Gibt's da viele Zecken?« Die Tierchen haben sich zu wahren Schreckgespenstern entwickelt, kleinen Monstern, die überall lauern, um uns heimtückisch zu überfallen. Um es gleich vorweg zu sagen: Ich kann Sie da nicht völlig beruhigen. Die kleinen Spinnentiere sind tatsächlich gefährlich, obwohl sie nichts dafür können.

Mein erstes Erlebnis mit den Parasiten fällt in die Zeit meiner Anfängertage bei der Forstverwaltung Rheinland-Pfalz. Damals war ich einem Ausbildungsrevier zugeteilt, in dem ich ein erstes praktisches Dienstjahr ableisten sollte. Ich bekam allerlei Aufgaben zugewiesen, die vor allem eines bedeuteten: viel draußen unterwegs zu sein. An meinem ersten Tag kam ich in meiner Lieblingsfarbe gekleidet an. Blaue Jeans, blaue Jacke; so wähnte ich mich gut gerüstet für das Praktikum. Doch ich erntete gleich schiefe Blicke: ein angehender Förster in Blau? So etwas habe man ja noch nie gesehen. Peinlich berührt fuhr ich am nächsten Samstag zu einem Geschäft für Jagdausrüstung und besorgte mir dort eine zünftige Kniebundhose, ein Hemd mit imitierten Hirschhornknöpfen sowie eine Armeejacke – alles in Olivgrün. Die schiefen Blicke verschwanden, und dennoch war ich falsch angezogen, wie ich bald erfahren durfte. Meine Mutter hatte mir passend zur Hose lange Kniestrümpfe gestrickt, die in der heißen Sommersonne ordentlich kratzten. Egal, ich fühlte mich richtig forstlich und durchstreifte gut gelaunt das Gebüsch auf einem Kahlschlag. Die gute Laune hielt bis nach Hause an, wo ich mich zum Duschen auszog. Da bemerkte ich kleine Pünktchen auf den Beinen – Zecken! Sofort begann ich, sie herauszuziehen, und zählte, wie viele in der Haut steckten. Bei fünfzig hörte ich entnervt auf und entfernte rasch den Rest.

Im Nachhinein weiß ich, dass ich beim Durchstreifen des Waldes zwei grundlegende Dinge falsch gemacht habe. Zum einen die Kleidung: Zecken sitzen bevorzugt im unteren Bereich der Vegetation bis ungefähr Kniehöhe. Und meine Kleidung in diesem Abschnitt bestand aus Strümpfen mit großen Maschen, durch die die Tierchen gleich weiter hindurch bis auf die Haut krabbeln konnten. Der zweite Fehler bestand in der Wahl meines Wegs. Dort, wo Gras und kleine Sträucher stehen, halten sich bevorzugt

Rehe auf. Rehe sind jedoch einer der Hauptwirte für Zecken, sodass in ihren Tageseinständen besonders viele Blutsauger auf Beute warten.

Für Sie mein Fazit: Die Gefahr, sich Zecken einzufangen, lässt sich drastisch verringern, wenn Weg und Kleidung passen. Solange Sie auf Wanderwegen spazieren, können Sie unmöglich einer Zecke begegnen. Diese können sich nicht von Bäumen auf ihre Opfer fallen lassen, denn sonst würde schon ein Windhauch reichen, die leichten Spinnentiere meterweit abdriften zu lassen. Nein, es muss der direkte Körperkontakt sein, der beim Durchstreifen der Bodenvegetation entsteht. Doch keine Sorge, die Plagegeister lauern nicht auf jedem Strauch und Grashalm – da könnten sie warten, bis sie schwarz werden. Zecken vermögen zwar bis zu einem Jahr zu hungern, doch schön finden sie das sicher auch nicht. Daher sind ihre bevorzugten Jagdgebiete entlang von Wildwechseln, jenen schmalen Trampelpfaden, auf denen Rehe, Hirsche oder Wildschweine regelmäßig entlangziehen. Hier fallen die vollgesaugten Zeckenmütter zu Boden, hier legen sie ihre Eier, und hier lauern folglich auch die Jungtiere. Kommt ein großes Säugetier in die Nähe, verrät es sich durch die Bodenerschütterung und den Geruch. Sofort macht sich die Zecke reisefertig, stellt die Vorderbeine auf und steigt um, sobald das Fell in Reichweite ist. Dann krabbelt sie zu einer warmen, dünnen Hautstelle und beginnt nach spätestens 24 Stunden mit der Blutmahlzeit.

Immerhin dauert es also eine Weile, bis das Tier loslegt. Und weil es so gemächlich nach einem gemütlichen Plätzchen sucht, haben Sie die Chance, es einfach abzusammeln und wieder ins Gras zu schnippen. Dazu empfiehlt sich eine helle Hose, auf der sich die Zecken wie schwarze Pünktchen abheben. Pünktchen deshalb, weil sie in verschiedenen Stadien teils weniger als einen Millimeter groß sind – da muss man schon genau hinsehen. Nach meiner Erfahrung erwischt man 99 Prozent aller Tierchen, wenn man, sobald man wieder einen festen Weg erreicht, den Bereich des Schienbeins kontrolliert und dabei alles Verdächtige absammelt.

Falls Sie einen der Plagegeister übersehen haben, bleibt dieser nicht im Beinbereich, sondern begibt sich auf Wanderschaft. Ziel ist ein dunkles Fleckchen mit hoher Luftfeuchtigkeit, wie sie zum Beispiel in Hautfalten herrscht. Mir ist es sogar einmal passiert, dass während einer Nacht im Schlafsack merkwürdige Kratzgeräusche zu hören waren. Sie kamen allerdings nicht aus dem Wald, sondern aus meinem Ohr. Ein Besuch beim Hals-Nasen-Ohren-Arzt ergab: Eine Zecke hatte sich auf dem Trommelfell niedergelassen und dort mit dem Saugen begonnen. Das Herausziehen mittels Pinzette war sehr schmerzhaft, doch immerhin hörte das nervtötende Kratzgeräusch der kleinen Beinchen schlagartig auf. Die Quintessenz aus diesem Erlebnis: Wo immer Sie auch Haut haben, sollten Sie nach einem Spaziergang, bei dem Sie Zecken auf Ihren Beinen entdeckt haben, sicherheitshalber nachschauen.

Und wenn es doch passiert und sich solch ein Wicht in der Haut festgebissen hat? Dann sollten Sie ihn möglichst flott herausziehen. Zecken haben kein Gewinde, deshalb sind Tipps wie etwa drehende Bewegungen nach links oder rechts wenig hilfreich. Einfach senkrecht nach oben weggezogen, geht es noch am schnellsten. Es ist dabei sehr wichtig, den Körper der Zecke nicht zu quetschen. Ansonsten gibt sie Körperflüssigkeit in die kleine Wunde, und darin tummeln sich leider oft Krankheitserreger. Diese kommen auch dann in den Wirtskörper, wenn die Zecke mit dem Saugen beginnt. Dazu spritzt sie ein wenig Speichel in die Haut, um diese zu betäuben und die Blutgerinnung zu hemmen. Ist das Tier infiziert, injiziert es dabei auch Bakterien oder Viren, je nachdem, welche fremden Passagiere es an Bord hat (was bei rund einem Drittel der Fall ist). Und damit wird es für den gestochenen Menschen ungemütlich.

Was kann passieren? Im Falle der Bakterien handelt es sich um schraubenförmige Borrelien. In vielen Fällen wird der Körper selbst mit den Eindringlingen fertig, doch oft genug gelingt das nicht, und sie beginnen ihr unheilvolles Werk. Ihre Anwesenheit löst im Idealfall eine Wanderröte aus, einen großen roten Fleck auf der Haut rings um die Einstichstelle. Idealfall? Ja, so kann man das wirklich nennen, denn nun können Sie sicher sein, eine akute Infektion zu haben. Ein Gang zum Hausarzt, ein paar Tage Antibiotikaeinnahme, und schon ist alles wieder in Ordnung. Und wenn die Röte nicht auftritt? Dann wissen Sie nicht, woran Sie sind. Entweder hat es der Körper allein geschafft, oder Sie wurden gar nicht mit Bakterien infiziert. Saß die Zecke erst wenige Stunden auf der Haut, hatte sie möglicherweise noch gar nicht mit dem Saugen begonnen. Soll man trotzdem zum Arzt? Dieser kann nur über eine Blutprobe feststellen lassen, ob sich die fraglichen Bakterien im Blut befinden. Wer sich viel im Freien aufhält, kann nicht wegen jedes Zeckenbisses eine ärztliche Kontrolle machen. Ich handhabe es so, dass immer dann, wenn für eine andere Untersuchung (etwa einen Check-up) ohnehin Blut abgenommen werden muss, gleich ein Borreliosetest mit veranlasst wird. Ansonsten empfiehlt es sich, zum Abschluss der Saison im Herbst, wenn aufgrund fallender Temperaturen für die Zecken eine Winterpause eintritt, eine Untersuchung machen zu lassen.

Falls Sie häufig mit den Plagegeistern in Kontakt kommen, ergeben Ihre Blutwerte möglicherweise dasselbe Bild wie bei mir: Es findet sich ständig ein hoher Antikörperwert, der eigentlich Grund zur Besorgnis wäre. Eigentlich. Denn vorangegangene, ausgeheilte Infektionen hinterlassen im Blut eine immunologische Narbe, die keine aktuelle Erkrankung bedeuten muss. Da ich noch nie weitergehende Symptome hatte, meinte meine Hausärztin, ich sei vielleicht einer der seltenen Glückspilze, deren Körper die Borreliose von selbst bekämpfen können. Doch eines Tages bekam ich heftige Kopfschmerzen, die über eine Woche anhielten. Mich beschlich der Verdacht, dass es nun doch so weit sein könnte, und ein Spezialtest in einem Berliner Labor ergab die Gewissheit: In mir wüteten die gefürchteten Schraubenbakterien. Da half nur noch eines: eine mehrmonatige Antibiotikatherapie. Glücklicherweise vertrug ich die Medikamente sehr gut, und es gelang, die Krankheit vollständig zu besiegen. Seitdem bin ich bei Zecken wesentlich stärker beunruhigt, denn eine Immunität entwickelt sich leider nicht. Eine Impfung ist leider ebenfalls nicht in Sicht, denn es gibt eine ganze Reihe von unterschiedlichen Borrelien, die es auf Sie abgesehen haben. Bei einem Befall muss es übrigens nicht nur bei Kopfschmerzen bleiben. In späteren Stadien können sich Nervenentzündungen, die beispielsweise zu Gesichtslähmungen führen, und heftige Gelenkschmerzen einstellen. Wenn sich die Angreifer einmal so weit im Körper festgesetzt haben, ist eine Behandlung sehr schwierig, daher gilt: Sobald Sie den Verdacht haben, dass sich nach einem Zeckenbiss ungewöhnliche Beschwerden zeigen, sollten Sie sofort einen Arzt aufsuchen.

Gebietsweise ist ein noch unangenehmerer blinder Passagier im Zeckenspeichel: das FSME-Virus, gegen das es allerdings einen wirksamen Impfschutz gibt. Ausgeschrieben heißt die Krankheit »Frühsommer-Meningoenzephalitis«, eine Hirnhautentzündung. Siebzig bis neunzig Prozent der infizierten Personen merken nichts davon, die restlichen leiden unter grippeähnlichen Symptomen. Nur wenige Promille der Erkrankten sterben. Nur? Wenn wir überlegen, gegen welche Risiken wir uns im alltäglichen Leben absichern, dann scheint selbst diese Rate zu hoch. Doch Grund zur Sorge besteht nicht überall. Das Virus ist zum Glück nicht in allen Regionen verbreitet; wenn Sie nachschauen möchten, ob Sie in einem Verbreitungsschwerpunkt leben (oder dort im Urlaub unterwegs sind), können Sie sich auf den Seiten des Robert Koch-Instituts informieren.[5] In Deutschland sind vor allem Baden-Württemberg und Bayern Risikogebiete, doch auch in Österreich und der Schweiz lauert Gefahr. Zwar sind die gemeldeten Krankheitsfälle in Österreich drastisch gesunken, doch dies liegt nicht an einem Rückgang der Viren, sondern an der hohen Impfrate der Bevölkerung von über neunzig Prozent.[6] In den Alpen hilft nur der Aufstieg in die Berge: In Höhen über tausend Metern ist die Gefahr gebannt. Laut Auskunft des schweizerischen Bundesamts für Gesundheit sind in diesen Regionen noch keine Zecken mit dem Erreger gefunden worden.

Und nun? Sollten Sie sich sicherheitshalber impfen lassen? Wie immer bei diesem Thema schlagen die Wogen hoch, und das Risiko von Impfschäden muss gegen die Infektionsgefahr abgewogen werden. Die Gefahr, dass ein einzelner Stich die Krankheit auslöst, ist sehr gering. Selbst in den Verbreitungsschwerpunkten sind nach Angabe des Robert Koch-Instituts nur 0,1 bis 3,4 Prozent der Zecken Träger des Virus. Wer so wie ich viel draußen unterwegs ist und in einem Risikogebiet lebt, der sollte dennoch eine Impfung in Betracht ziehen.

Wie kommt es, dass die Fallzahlen von Erkrankungen durch Zeckenbisse langfristig steigen? Darüber streiten Wissenschaftler und Jäger. Jäger? Jagd- oder besser fütterungsbedingt sind die Wildbestände in den letzten Jahrzehnten drastisch angestiegen. Wer schon einmal ein Reh im Sommer von Nahem gesehen hat, weiß, wie viele Zecken dort eine letzte Blutmahlzeit nehmen, um anschließend prall wie eine dicke Erbse abzufallen und sterbend Tausende von Eiern zu entlassen. Die schlüpfenden Jungtiere saugen an Mäusen, Igeln, Füchsen und anderen Säugetieren und infizieren sich dabei mit Krankheitserregern. Die Zahl dieser kleineren Opfer schwankt, nimmt aber meines Wissens nach nicht langfristig stetig zu. Bei Rehen, Hirschen und Wildschweinen sieht das ganz anders aus; hier explodieren die Bestände förmlich. Je mehr Rehe, desto mehr Zecken – das scheint klar. Doch die Sache hat einen Haken: Jagende Journalisten reklamieren, dass zumindest Wiederkäuer die Bakterien in ihrem Blut vernichten; Zecken können sich also bei diesen Wildtieren nicht anstecken.[7] Andererseits: Bei der letzten Blutmahlzeit spielt dies keine Rolle, denn die anschließend entlassenen Eier sind in jedem Fall borreliosefrei. Bei bis zu fünfzigfach überhöhten Wildbeständen haben die Blutsauger viel bessere Chancen, tausendfachen Nachwuchs zu erzeugen, und dieser infiziert sich oft schon bei der ersten Mahlzeit bei kleinen Säugetieren wie Mäusen. Und so kommt es, dass sich in der dicht besiedelten mitteleuropäischen Landschaft Borreliose und FSME stark ausgebreitet haben.

Kommen wir noch einmal auf die Ursache, die stark gestiegenen Wildbestände, zurück. Im Ausland wird mittlerweile von dem »german problem« gesprochen, weil wir eine der höchsten Säugetierdichten weltweit haben. Gleichzeitig sieht man von Hirsch, Reh und Wildschwein wenig, weil sich die Tiere tagsüber im Wald verstecken. Tiere in Angst, Krankheiten, die sich in der Bevölkerung ausbreiten – was ist da eigentlich los in unserer Natur?

Waidmannsheil

Unsere Waldlandschaft kommt mir manchmal so vor wie der ehemalige Eiserne Vorhang. Im Abstand von wenigen Hundert Metern stehen Schießtürme, auf denen regelmäßig bewaffnete Menschen in grüner Tarnkleidung sitzen. Wir haben uns so daran gewöhnt, dass man diese Einrichtungen beim Wandern häufig nicht mehr beachtet. Für Wildtiere sieht das ganz anders aus, denn zumindest die bejagten Arten wissen ganz genau, welch Unheil von dort oben droht. Durch Hunderttausende Hochsitze ist die Waldfläche bis in viele Winkel so abgedeckt, dass fast alle freien Flecken beschossen werden können. Klingt das ein wenig unheimlich? Ist Jagd nicht eine alte Tradition, die es verdient, in der jetzigen Form erhalten zu werden? Schließlich wird, seit es die Menschheit gibt, gejagt. Früher ging es um das Überleben, um die Gewinnung von Fleisch, Fell und Knochen, und ab und an auch um die Selbstverteidigung gegen Raubtiere – das war damals keine Frage der Moral. Und heute? Da ist die Jagd ein heiß diskutiertes Thema, und es stellt sich die Frage, ob sie aus ökologischer Sicht überhaupt noch zeitgemäß ist. Gesellschaftlich sieht das anders aus; die Zahl der Jagdscheininhaber steigt, und die traditionelle Männerdomäne wird zunehmend von Frauen entdeckt.

Schauen wir zum tieferen Verständnis zunächst auf die Weltmeere. Der Fang und die Tötung von Walen wird international größtenteils abgelehnt, und zwar auch dann, wenn es um Arten geht, deren Bestände sich wieder etwas erholt haben. So ruft auch die Jagd auf Pott- und Zwergwale regelmäßig Proteste hervor, völlig zu Recht, wie ich finde, denn zur Ernährung können wir seit Langem auf viel bessere Quellen zurückgreifen. Schließlich bringt die weltweite Getreideproduktion durchschnittlich fünf Tonnen Ertrag je Jahr und Hektar.[8] Bei 3500 Kilokalorien pro Kilogramm Mais und einem Kalorienbedarf von täglich 2500 Kilokalorien ernährt ein hektargroßes Feld rund zwanzig Menschen. Und Wale? Bei ihnen besteht etwa die Hälfte des Körpergewichts aus Fleisch, das wären bei einem Zwergwal rund fünf Tonnen – wie beim Getreide. Doch da das Fleisch nur 1200 Kilokalorien pro Kilogramm enthält, können sich von so einem Wal theoretisch nur sieben Menschen ein Jahr lang ernähren. Ein Hektar durchschnittliches Ackerland macht also den Fang von drei Zwergwalen überflüssig. Und weil weltweit jährlich weniger als tausend Tiere erlegt werden, fällt es leicht, die ausfallende Menge zu ersetzen.

Ich persönlich finde es dabei auch völlig in Ordnung, wenn indigene Völker ebenfalls auf Waljagd verzichten. In den meisten Fällen leben diese mittlerweile ohnehin von den Produkten der modernen Zivilisation, und die Jagd selbst erfolgt mit modernen Motorbooten und Schusswaffen – das hat mit den Methoden der Ahnen wenig zu tun. Warum ich so weit aushole? Weil heimische Jäger ähnlich argumentieren wie Inuit oder Grönländer. Jagd sei eine alte Tradition, und unsere Vorfahren hätten schon seit undenklichen Zeiten so ihre Nahrung erworben. Einspruch, Euer Ehren! In den letzten Jahrhunderten war die Jagd das Privileg des Adels, und dieses Privileg wurde erst 1848 abgeschafft. Seitdem ist sie an Grund und Boden gebunden, darf jeder, der eine kleine Parzelle Wald oder Feld besitzt, darauf auch Rehe schießen. Während dies etwa in Schweden immer noch so gehandhabt wird, schob man im deutschsprachigen Raum nur zwei Jahre später wieder einen Riegel vor. Erst ab zusammenhängenden Flächen von 0,75 Quadratkilometern sollte fortan das neue Recht gelten. Doch welcher Bauer hatte schon so viel Land? Alle anderen Kleinflächen wurden zwangsweise zu Genossenschaften zusammengeschlossen, die fortan das Jagdrecht verpachteten. Und wer konnte sich die teure Pacht leisten? Reiche Adelige, die damit durch die Hintertür wieder zu den Jagdherren wurden, die dieses Privileg per Revolution eben erst verloren hatten. Daran hat sich prinzipiell bis heute wenig geändert. Eine Durchschnittsjagd kostet einschließlich Jagdaufseher, Treibjagden und zu begleichenden Wildschäden bis zu 50 000 Euro – jährlich! Das kann sich nur ein ganz geringer Teil selbst der Jagdscheininhaber leisten, sodass das Waidwerk nach wie vor als elitäres Hobby gelten darf.

Und damit sind wir beim Ausgangsargument der »grünen Fraktion«, Jagd sei eine alte Tradition. Für einen winzigen Bruchteil der Bevölkerung mag das zutreffen, für den großen Rest war sie das noch nie. Unsere Tradition des Nahrungserwerbs ist seit Jahrtausenden die Landwirtschaft, nicht das Schießen von Waldtieren. Selbst das jagdliche Brauchtum mit seiner verschnörkelten und verklärenden Sprache (Blut wird zum Beispiel »Schweiß« genannt) ist flächig erst seit dem Dritten Reich verbreitet, als Reichsjägermeister Hermann Göring jedem Jäger komplizierte Riten und Jagdhornbläserei verordnete.

Auch der Trophäenkult kam vor achtzig Jahren zur Hochblüte. Schwere Hirschgeweihe, beeindruckende Rehgehörne und lange Eckzähne von Wildschweinen waren das Ziel aller Bemühungen. Um dieses Zuchtziel zu erreichen, wurden entsprechend veranlagte Tiere geschont, damit sie ihre gewünschten Eigenschaften vererben konnten. Eine massive Winterfütterung sorgte dafür, dass möglichst alle Tiere überlebten und stets ein großer Bestand mit entsprechender Auswahlmöglichkeit für die Schützen zur Verfügung stand. Auf den Trophäenschauen wurden dann die präparierten Schädelknochen ausgestellt und nach einem komplizierten Punktesystem bewertet.

Und heute? Leider hat sich seit den braunen Tagen nicht allzu viel geändert. Die Gesetze und Verordnungen spiegeln immer noch die alten Zuchtgedanken wider, bei denen es vor allem um den Wandschmuck über dem heimischen Wohnzimmersofa geht. Das könnte Ihnen und mir egal sein, schließlich gibt es eine Menge anderer skurriler Hobbys. Doch die Zahl der großen Pflanzenfresser hat sich durch dieses Treiben mittlerweile auf Werte erhöht, die, wie schon erwähnt, bis zu fünfzigfach über den natürlichen Dichten liegen. Die Konsequenz: Unsere Wälder werden regelrecht leer gefressen, vor allem der Nachwuchs heimischer Laubbäume. Knospen von Kirschen, Eichen, Buchen oder Eschen, Samen wie Bucheckern oder Eicheln; alles verschwindet in gigantischen Mengen in den hungrigen Tiermägen. In der Folge wachsen immer weniger Laubbäume heran, und viele Waldbesitzer können sich nur noch durch das Anpflanzen von Fichten und Kiefern retten. Die mögen Rehe und Hirsche nicht, weil sie durch Harze und ätherische Öle bitter schmecken und zudem stachelige Nadelspitzen haben. Mithilfe solcher Baumarten können Förster wenigstens irgendwelche Bäume hochbekommen und eine Illusion von Wald erzeugen.

Auch Zäune im Wald gehen meist auf das Konto der Jagd. Vielerorts wachsen Laubbäume nur hinter Gittern, und ein Kollege prägte gar das Wort von der »Gefängnisforstwirtschaft«. Im Zaun herrscht heile Welt, und das nicht nur für die Bäumchen. So kann hier in größerer Zahl das Waldweidenröschen wachsen, eine beeindruckend große Staude mit hübschen roten Blütenständen. Sie schmeckt den Wildtieren besonders gut, und deshalb ist sie außerhalb der Schutzflächen kaum noch zu finden.

Apropos außerhalb: Da die eingezäunte Fläche als Nahrungsgebiet fehlt, nimmt der Fraßdruck auf den übrigen Parzellen nun umso stärker zu. Und weil Rehe und Hirsche stets hungrig in das umgitterte Schlaraffenland schauen, stürzen sie sich hinein, sobald sich auch nur die kleinste Lücke ergibt, etwa wenn durch Sturm ein Baum auf das Drahtgeflecht fällt und es niederdrückt. Dann lassen sie sich oft selbst durch Jagdhunde nicht mehr aus der Schonung vertreiben, und der Zaun kann, jetzt nutzlos, gleich wieder abgebaut werden.

Dort, wo sich ein Zaun nicht lohnt, weil nur wenige Buchen oder Eichen geschützt werden müssen, werden andere Monumente errichtet. Was von Weitem aussieht, als handelte es sich um einen Soldatenfriedhof, ist in Wirklichkeit eine Fläche mit Schutzhüllen. Sie umgeben die Setzlinge wie ein Minigewächshaus, welches oben offen ist. Nachteilig sind nicht nur Aufwand und Preis: Starke Stürme und Schnee bringen die Hüllen in Schieflage, und damit auch die eingeschlossenen Bäumchen. Zudem werden diese, sobald ihre Spitzen aus dem Behälter lugen, trotzdem abgeknabbert. Rehe und Hirsche sind sehr einfallsreich, wenn es gilt, an die beliebten Gipfelknospen zu kommen. Sind diese außerhalb ihrer Reichweite, weil der Schössling schon zwei Meter hoch ist, überlaufen sie einfach das Stämmchen und brechen es dabei ab.

Weitere Behelfe zur Abwehr sind Mittel, die direkt auf die Knospen aufgetragen werden. Sie wirken durch schlechten Geschmack, ähnlich dem Mittel, welches früher kleinen Kindern gegen das Nägelkauen auf die Fingerkuppen gestrichen wurde. Sei es Chemie, sei es Schafwolle, die um die Knospen gehängt wird: Der Einsatz ist enorm. Ein- bis zweimal jährlich müssen Waldarbeiter jedes gefährdete Bäumchen aufsuchen und behandeln – das ist kaum noch zu finanzieren. So beliefen sich die Kosten in meinem Revier vor der ökologischen Wende auf bis zu 75 000 Euro pro Jahr, für eine Gemeinde mit kaum 500 Einwohnern auf Dauer der finanzielle Todesstoß.

Und selbst wenn es gelingt, mit all diesen Anstrengungen wieder mehr Laubbäume großzuziehen, bleiben gewaltige Lücken im Wald. Denn überall dort, wo wegen fehlender Geldmittel kein so enormer Aufwand betrieben werden kann, verbuschen lichte Stellen oder werden bestenfalls von natürlich ausgesamten Nadelbäumen besiedelt. Dabei wäre die Lösung doch so einfach: Die Fütterung müsste verboten, der Abschuss großer Beutegreifer viel strenger geahndet werden. Dann sänken die Bestände von Reh und Hirsch auf ein Niveau, das jungen Laubbäumen eine Chance ließe.

Abgesehen von den ökologischen und gesellschaftlichen Auswirkungen der Jagd, gibt es auch noch einen kulinarischen Aspekt. Und den habe ich ganz zu Anfang meiner beruflichen Laufbahn als Büroleiter eines staatlichen Forstamts kennengelernt. Damals gehörte die Vermarktung der geschossenen Rehe, Hirsche und Wildschweine aus dem Staatswald zu meinen Aufgaben. Die Förster lieferten dazu die Tiere ins Forstamt, wo im Keller eine Kühlkammer, quasi ein überdimensionierter Kühlschrank, eingebaut war. Hier hingen die Tiere komplett im Fell und noch mit Kopf, lediglich ohne Innereien, und reiften vor sich hin. Einmal pro Woche kam ein Wildhändler aus Köln, um die ganze

Ware auf einen Schwung mitzunehmen. Für mich war das eine einfache Sache: Der gewiefte Verarbeiter kaufte einfach alles, und das will schon etwas heißen. Dazu muss ich Ihnen erst einmal erläutern, was mit dem Tier nach dem Schuss passiert, bevor es auf Ihrem Teller landet – wenn Sie überhaupt Wild essen. Und falls die Antwort Ja lautet, könnte das in ein entschiedenes »Nein!« umschwenken, wenn Sie die folgenden Zeilen gelesen haben. Denn was mit den erlegten Tieren geschieht, brächte jedem Metzger das Gesundheitsamt in den Betrieb, würde er so arbeiten. Vorneweg: Die folgenden Fakten betreffen nur einen Bruchteil des Wildbrets, welches gegessen wird, doch immerhin existiert dieser Bruchteil, und ob Sie in diesem Sinne einen Treffer landen, wissen Sie erst, wenn Ihre Zunge beteiligt ist. Dass es im Folgenden etwas unappetitlich wird, kann ich Ihnen leider nicht ersparen.

Fangen wir mit dem Schuss an. Sitzt er gut, wird das Tier sofort getötet; man spricht dann vom sogenannten »Blattschuss«. Gut für Reh und Co., schlecht für das Fleisch. Denn in Schlachtereien wird das Tier nur betäubt, weil es anschließend noch ausbluten muss. Dazu muss das Herz schlagen – logisch. Beim Wild trifft der tödliche Schuss die sogenannte »Kammer«, also den Brustraum im Bereich der Lunge. Schlagartig erlischt das Leben, und das Blut bleibt im Tier. Das ist nicht gesundheitsschädlich, aber teilweise für den besonderen Wildgeschmack verantwortlich. Doch leider sitzen viele Schüsse nicht korrekt und zerfetzen Mägen und Därme. Deren Inhalt wird durch die Wucht des Geschossaufpralls in das umliegende Fleisch gedrückt, und wenn Sie diesen Pansengeruch einmal gerochen haben, wissen Sie, warum manches Wild so wild schmeckt. Weniger geschmacklich wirken sich die Bleisplitter aus, die aus den zerplatzten Kugeln wie ein Schrotschuss in die Umgebung zerstieben. Zwar gibt es auch schon bleifreie Munition auf dem Markt, doch die großen Altbestände in den heimischen Waffenschränken wollen erst aufgebraucht werden – das kann noch viele Jahre dauern.

Und wenn Blei für Sie nicht nach der passenden Speisewürze klingt, wird es jetzt nicht besser. Denn gerade in den Sommermonaten ist es alles andere als günstig, wenn das geschossene Tier nicht gleich gefunden wird. Dann liegt es einige Zeit lang in der warmen Sonne, und der Jäger muss entscheiden, ob das Fleisch noch verwendbar ist. Das riecht nach einem kleinen Interessenkonflikt, oder? Das Schlachten findet zudem auf dem Waldboden statt, ohne Wasser und oft genug in der beginnenden Dunkelheit. Erwarten Sie für gute Ware nicht die gekachelten, gekühlten Räume einer Metzgerei? Malen Sie sich einmal aus, dass Schweine und Kühe gleich hinter dem Supermarkt auf einem Parkplatz ausgeweidet würden – ich kann mir kaum vorstellen, dass dort noch jemand kaufen würde. Natürlich gibt es auch viele Jäger und Förster, die hygienisch einwandfrei arbeiten und unbedenkliche Ware anbieten. Und natürlich gibt es Vorschriften, die einen unhygienischen Umgang mit Wildfleisch verbieten. Doch selbst wenn der Fleischbeschauer vorher noch den Körper prüft und alles für unbedenklich befindet, so sind lediglich gesundheitliche Gefahren ausgeschlossen. Was ansonsten serviert wird, durfte ich während meiner früheren Tätigkeit miterleben.

Dabei war ich mit einem großzügigen Händler konfrontiert. Er wischte den sich durch die tagelange Lagerung zwischenzeitlich bildenden Schimmel ab und verlangte für etwas müffelnde Stücke lediglich ein paar Prozente Abzug. »Das kommt in die Pastete«, so sein lapidarer Kommentar auf die Frage, wie er denn so etwas verkaufen wolle. Pastete mit starkem »Wildgeschmack«? Ja, so etwas hatte ich schon einmal gekostet, und mir war klar, dass ich so etwas nie wieder anrühren wollte. Denn es sind nicht nur Pansenreste oder die Sommerhitze, die für einen extra intensiven Geschmack sorgen. So werden brunftige Tiere keinesfalls weggeworfen, sondern ebenfalls dem Markt zugeführt. Hirsche, die sich täglich selbst bepinkeln, weil sie im Rausch der Hormone nur noch das weibliche Geschlecht im Kopf haben, schmecken ebenso streng wie Keiler, bei denen sich die penetrante männliche Note so sehr im Fett festsetzt, dass die Hände nach Berührung selbst mit Seife nicht mehr geruchsfrei zu bekommen sind.

Je nach Region und Wildart kommt zu den unappetitlichen Rahmenbedingungen noch eine Prise Radioaktivität hinzu. Tschernobyl lässt auch heute noch grüßen, wenn Sie etwa frisch geschossenes Wildschwein in Bayern bestellen. Das Thema wird von der Jägerschaft nicht publik gemacht, und auch die Behörden zieren sich mit der Veröffentlichung von Messdaten.

Dennoch sind einige unerfreuliche Fakten zugänglich, so etwa durch eine Anfrage der Grünen im Bayerischen Landtag. Die Antwort der Staatsregierung ist aufschlussreich. So seien über der alten Bundesrepublik insgesamt etwa 230 Gramm radioaktives Cäsium niedergegangen. Diese winzige Menge verstrahlte die Wälder so, dass bis heute massive Überschreitungen des Grenzwerts (600 Becquerel pro Kilogramm) speziell im Fleisch von Wildschweinen festzustellen seien.[9] Zur Einordnung eignet sich der Durchschnittswert anderer Lebensmittel, die zwar auch (wie alle organische Substanz) leichte Radioaktivität aufweisen, mit zehn Becquerel je Kilogramm jedoch vernachlässigbar gering strahlen.[10] Nach den Angaben der staatlichen Stellen liegt die gemessene Strahlung bei manchen Tieren mit über 10 000 Becquerel bis zum Fünfzehnfachen über dem zulässigen Wert, sodass sie entsorgt werden müssen. Warum ausgerechnet bei Wildschweinen? Sie ernähren sich anders als Hirsche und Rehe, fressen zum

Beispiel viele Pilze, die je nach Art diese Metalle sammeln und in ihrem Gewebe konzentrieren.

Brisant an der Sache ist, dass nur stichprobenartig untersucht wird, also viele Tiere verzehrt werden, die nicht untersucht worden sind. Warum nicht? Es liegt nahe, dass die Sorge dahintersteht, der Markt für Wildschweinfleisch, ohnehin nicht besonders einfach, würde dann endgültig zusammenbrechen.

Nehmen wir jedoch einmal an, Wildfleisch würde stets hygienisch einwandfrei gewonnen. Wäre es in dem Fall nicht vertretbar, Fleisch von Tieren zu gewinnen, die in ihrem Bestand nicht gefährdet sind? Schließlich haben sie ihr Leben in Freiheit verbracht und nicht in den engen, verkoteten Boxen einer Massentierhaltung. Wer also Fleisch essen mag, würde damit Tierleid verringern helfen. Und wenn wir die negativen Seiten in Bezug auf Hygiene, Blei und Radioaktivität beleuchtet haben, sollten wir fairerweise auch in die Waagschale werfen, dass etliche Belastungen nicht auftreten. Medikamente wie Antibiotika oder Mittel gegen Würmer (die wie Insektizide wirken) fehlen bei Wildschweinen, Rehen und Hirschen gänzlich. Und auch für andere Güter aus dem Wald stellt sich die Frage, ob die Vorteile einer Nutzung nicht überwiegen. Ob wir nun Holz, Beeren, Pilze, Fische oder Wildbret gewinnen: Solange wir damit nicht der Natur schaden, wäre das doch eine legitime und ökologisch vertretbare Form des Nahrungs- und Brennstofferwerbs.

Solange wir der Natur nicht schaden. Schaden kann aber auch durch die genetischen Veränderungen eintreten, und damit meine ich nicht die Gentechnik. Wenn wir Menschen uns anderer Lebewesen bedienen, erzeugen wir Druck im Sinne der Evolution. Tiere, die wir bejagen, beginnen sich anzupassen, damit sie überleben. Sich anzupassen heißt, dass sie sich nicht mehr so leicht erbeuten lassen, und was würde uns mehr behindern, als dass wir die Tiere nicht mehr sehen? Nun tragen Rehe und Hirsche keine Tarnkappe, aber sie verschwinden trotzdem aus unserem Sichtfeld. Das geht ganz einfach, indem sie tagsüber nicht mehr auf die Wiesen und Felder herauskommen, sondern sich in Gebüschen und im tiefen Wald verstecken. Oft hört man die Behauptung, die Tiere seien nachtaktiv, was aber keinesfalls stimmt. Sie verlagern ihre Geschäfte nur in Bereiche, wo sie sichtgeschützt sind, denn als typische Pflanzenfresser sind sie rund um die Uhr auf die Nahrungsaufnahme angewiesen, unterbrochen nur von Pausen zum Hinlegen und Wiederkäuen. Dieses Ausweichen in sichtgeschützte Bereiche würde etwa Wölfen gegenüber wenig Sinn machen, denn diese würden über Nase und Ohren noch genügend andere Hinweise auf die Anwesenheit von Beute erhalten. Nein, das Wild hat sich über Jahrhunderte hinweg dem Beutegreifer Mensch angepasst, und insofern ist das Paradoxon schnell aufgelöst, dass wir einerseits unglaublich hohe Wilddichten haben, andererseits aber kaum etwas davon sehen.

Auch bei Bäumen (die uns in gewissem Sinne ja auch zur Beute fallen) lässt sich die Selektion durch Holzernte nachweisen. Wir Menschen mögen viele Eigenschaften nicht, die Bäume natürlicherweise benötigen. So etwa den Drehwuchs, der manche Stämme wie ausgewrungene Handtücher aussehen lässt. Diese Drehung hat denselben Zweck wie eine Lkw-Feder: Sie lässt den Baum bei Sturm vor- und zurückschwanken, ohne dass er bricht. Dummerweise verdrehen sich die aus solchem Holz gesägten Bretter beim Trocknen ebenfalls, sodass sie unbrauchbar werden. Daher haben Förster ein Auge darauf, Exemplare mit solchen Eigenschaften schon als Jungspund heraussägen zu lassen und als Brennholz zu verkaufen – beim Verfeuern ist die Drehung egal. Dick und alt werden nur makellose

Bäume, die einen geraden Faserverlauf und damit höchsten Profit versprechen. Und diese Musterschüler sind es dann auch, die sich vermehren und ihre Gene an die nächste Generation weitergeben. Ähnlich unerwünschte Eigenschaften wären zwieseliger Wuchs (bei dem sich der Stamm in zwei Triebe teilt) oder Krümmungen, die das Sägen gerader Balken verhindern.

So ändert sich allmählich der ganze Wald nach unseren Bedürfnissen, doch die Bäume wandeln sich dabei unmerklich zu genetischen Krüppeln. Meist liegen auf den Erbanlagen, die für Drehwuchs und Co. verantwortlich sind, weitere Eigenschaften, die gleich mit weggezüchtet werden. Welche das sind, ist bis heute nicht vollständig erforscht, sodass es einem Roulettespiel gleicht, wie robust kommende Wälder sein werden. Bäume sind immerhin im Fokus der wirtschaftenden Waldbesitzer, das genetische Dilemma ist zumindest erkannt. Doch wie sieht es mit den Pilzen aus? Fruchtkörper, die im Kochtopf landen, können nicht mehr zur Fortpflanzung beitragen, sodass sich bevorzugt Exemplare oder Arten vermehren, die wir nicht verspeisen mögen.

Und das Fazit? Sollen wir lieber von allem die Finger lassen? Klar ist, dass Menschen starke Veränderungen im Ökosystem verursachen können. Die gravierendsten Auswirkungen auf den Wald hat die moderne Forstwirtschaft. Wo statt der früheren Buchenurwälder Fichtenplantagen stehen, sind Tausende ehemals heimischer Arten verschwunden. Wo jagdlich motiviert gefüttert wird und beim Abschuss nach der Größe des Geweihs selektiert wird, verändern sich ebenfalls Lebensgemeinschaften. Die angeschwollenen Wildschweinbestände etwa sorgen dafür, dass seltene Quellschnecken lokal aussterben. Die Borstentiere suhlen sich gerne im Matsch, und der ist selbst in trockenen Sommern im Wald im Bereich von Sickerquellen zu finden.

Wenn durch die ausufernden Schweinebestände nahezu jedes kleine Feuchtgebiet zum Wellnessbereich für die großen Tiere wird, dann haben die winzigen Schnecken, angewiesen auf klares, kühles Wasser, keine Chance mehr. Ähnliche Auswirkungen haben Millionen hungriger Rehe, die etwa das wohlschmeckende Waldweidenröschen vielerorts bis auf das letzte Exemplar vertilgen. Ich meine, dass wir mehr Schutz für die Natur brauchen, und zwar zunächst vor solch starken Veränderungen. Pilzsammler haben viel geringere Einflüsse auf die Artenzusammensetzung als etwa Harvesterfahrer, die mit ihren riesigen Maschinen den Boden zerdrücken und dadurch in tieferen Schichten das meiste Leben auslöschen.

Die kleinen Freuden erhalten, die großen Sünden unterlassen: Das ist mein Motto. Wer sich an einem Pilzgericht erfreut oder an einer selbst fabrizierten Himbeermarmelade, der hat auch Interesse, das Ökosystem zu erhalten. Selbst eine Brennholznutzung kann umweltverträglich sein, wenn das Holz aus zertifiziert ökologisch wirtschaftenden Betrieben stammt, die heimische Laubwälder fördern. Und damit all die Wunder des Waldes, die wir bis heute nur ansatzweise verstanden haben, auch einmal völlig ungestört ablaufen können, brauchen wir einen gewissen Anteil großer Schutzgebiete. Bisher sind nicht einmal zwei Prozent des Waldes nutzungsfrei; das ist für reiche Industriestaaten viel zu wenig.

Doch noch einmal zurück zum Sammeln von Waldprodukten. Hier lauert eine weitere Gefahr: der Fuchsbandwurm. Macht er nicht alle Vorbemerkungen obsolet, weil es gar nicht mehr zu verantworten ist, Lebensmittel aus der Natur zu gewinnen?

Staubfeine Gefahr

Von Füchsen droht uns keine Gefahr mehr. Gut, sie nehmen sich hier und da Haushühner, wie bei uns am Forsthaus schon mehrfach. Ich schaute eines Morgens im März aus dem Fenster und sagte verschlafen zu meiner Frau: »Schau mal, es hat doch noch einmal geschneit!« Der Rasen war weiß, aber meine Frau holte mich auf den harten Boden der Tatsachen zurück. »Das ist kein Schnee, das sind Federn.« Unser anfangs nur stümperhaft zusammengeschustertes Hühnergehege war anscheinend nicht richtig dicht; der Fuchs hatte die Gelegenheit ergriffen, nachts die gesamte Schar herausgeholt und vor dem Schlafzimmerfenster zerlegt. Was ehemals vielleicht ein harter Schlag für die Landbevölkerung gewesen wäre, ist heute vor allem ärgerlich. Das, was uns früher am meisten beschäftigte und wirklich bedrohlich war, gibt es zumindest in Mittel- und Westeuropa nicht mehr: die Tollwut, die für allerlei Ängste in der Bevölkerung sorgte.

Die Krankheit ist auch zum Fürchten. Wer mit dem Virus infiziert wird, merkt außer der Verletzung durch den Biss eines befallenen Tieres zunächst nichts. Erst nach vielen Wochen treten grippeartige Symptome auf, und dann ist es für eine Therapie längst zu spät. Die Erreger haben sich im Gehirn und in den Nervenbahnen festgesetzt und entwickeln hier ihre fatale Kraft. Sie führt unter anderem dazu, dass erkrankte Personen ebenso wie Tiere Wutanfälle bekommen und sogar beißen. Nach wenigen Tagen tritt der Tod ein. Auch wenn nur wenige Menschen infiziert wurden, war bei diesem schrecklichen Krankheitsbild klar: Die Tollwut muss ausgerottet werden. Dazu wurden in vielen Ländern enorme Anstrengungen unternommen, so auch in Deutschland. Über Jahrzehnte hinweg versuchte man, den Hauptüberträger, den Fuchs, schlichtweg auszurotten. Dazu schien jedes Mittel recht, und Tierschutzaspekte wurden in diesem Fall komplett über Bord geworfen. Ein gnadenloser Abschuss sollte es richten, jedes Tier zu jeder Jahreszeit ins Visier genommen werden. Damit nahm man bewusst in Kauf, dass auch Muttertiere erlegt wurden. Die hilflosen Jungen sollten ruhig im Bau verhungern, und wenn man die Mutter nicht erwischte, so wurde der Nachwuchs in seiner Erdhöhle ausgegraben und erschlagen. Die Fuchsbestände bekam man so allerdings nicht in den Griff, da sich die Tiere als Reaktion auf diesen brutalen Eingriff um so heftiger vermehrten. Selbst Gaseinsätze, bei denen die giftige Substanz in die Baue geleitet wurde, vermochten als letzte Maßnahme nichts zu bewirken.

Vor zwanzig Jahren schwenkten die Verantwortlichen endlich um, und es wurden Impfverfahren entwickelt. Doch wie kommt man an wild lebende, durch die harte Bejagung extrem scheu gewordene Tiere heran? Köder waren die Lösung, in denen Kapseln mit dem Wirkstoff enthalten waren. Um rasch große Flächen tollwutfrei zu bekommen, wurden die kleinen Pakete mittels Flugzeug abgeworfen. Eines davon landete auch auf unserer Mülltonne am Forsthaus, sodass ich es näher untersuchen konnte. Es bestand aus gefrorenen Fischabfällen, die einen kleinen Plastikbehälter ummantelten. Darin war das Serum, welches beim Biss im Fuchsmaul austreten und den Fuchs impfen sollte. Ich fragte mich damals, wovon wohl die größere Gefahr ausgehe: von kranken Füchsen, die einige wenige Infektionsfälle pro Jahr bei Menschen verursachten, oder von gefrorenen Fischklötzen, die aus großer Höhe Wanderern (oder Forsthausbewohnern) auf den Kopf fielen. Immerhin wurde mir kein Fall bekannt, bei dem Köder tatsächlich jemanden getroffen haben.

Da auch Haustiere wie Hunde, Katzen und Pferde flächig gegen die Krankheit geimpft wurden, gelang es tatsächlich, sie vollständig auszurotten. Oder zumindest fast vollständig. Denn neben dem Fuchs können auch andere Säugetiere Tollwut übertragen: Oft sind es importierte Hunde aus Ländern, in denen es sie noch gibt, oder die Gefahr kommt aus der Luft: Fledermäuse können einen eng verwandten Virus übertragen und in extrem seltenen Fällen auch Menschen beißen.

Zumindest der Fuchs ist nun im wahrsten Sinn des Wortes aus der Schusslinie geraten, allerdings noch nicht endgültig aus der Diskussion um Krankheiten. Denn die Tollwut, die ja auch ihm stark zusetzte, galt als Hauptregulator für die Population. Viele Füchse bedeuteten viele soziale Kontakte untereinander, damit auch ein hohes Übertragungsrisiko und schlussendlich einen Zusammenbruch des Bestands durch eine Krankheitswelle. Die wenigen verbliebenen Exemplare einer Region steckten sich aufgrund der größeren räumlichen Entfernung nun untereinander nicht mehr an, die Population erholte sich im Laufe der nächsten Jahre wieder, und das Spiel begann von Neuem. Doch heute ist die Tollwut Geschichte, und die Fuchsbestände haben sich überall kräftig erholt – sehr kräftig, denn die meisten Tiere sind ja nun gesund.

Doch wie die Natur nun einmal so ist, lässt sie sich etwas Neues einfallen, um das Gleichgewicht zu halten. Wenn es nicht die Tollwut ist, nimmt eben ein anderer Erreger ihren Platz ein. Und diesen Platz besetzt nun unter anderem der Kleine Fuchsbandwurm. Er wanderte aus Sibirien mit infizierten Bisamratten bei uns ein und hat sich seit den Neunzigerjahren massiv ausgebreitet. In Rheinland-Pfalz (hier liegt mein Heimatdorf Hümmel) sind mittlerweile über zwanzig Prozent der Tiere infiziert, wie das zuständige Landesuntersuchungsamt jüngst mitteilte.[11] Und damit liegt meine Region keineswegs an der Spitze der Infektionslawine.

Haben wir uns mit dem Tausch Tollwut gegen Fuchsbandwurm einen Bärendienst erwiesen? Dazu schauen wir uns einmal genauer an, was diese kleinen Parasiten anrichten. Klein sind auf jeden Fall ihre Eier, die in der Größe mit Staub konkurrieren. Sie werden von den ausgewachsenen Tieren ausgeschieden, die allerdings auch nicht sonderlich groß sind – kaum drei Millimeter, dann ist Schluss. Und so wundert es nicht, dass ein befallener Fuchs bis zu 200 000 Exemplare gleichzeitig in seinem Darm spazieren trägt.[12] Das ergibt eine Menge Eier, die im Kot und damit in der freien Landschaft landen. Hier machen sich Mäuse über die unappetitlichen Würste her und nehmen dabei ungewollt die Eier auf. In ihrem Körper schlüpfen die Larven und befallen innere Organe wie die Leber. Die schwer erkrankten Nager können aufgrund ihrer Schwäche nun nicht mehr so schnell flüchten, wenn ein Fuchs sie jagt. So bewirken die blinden Passagiere, dass sie zu ihrem Bestimmungsort, dem Fuchsmagen, gelangen. Hier zersetzt sich die tote Maus, und aus ihrem Körper entsteigen wie bei einem trojanischen Pferd die Angreifer. Ihr Ziel ist der Fuchsdarm, in dem sie sich so richtig wohlfühlen und vom Verdauungsbrei ihres Wirtes leben. Dem Fuchs schadet das kaum, und so kann er jahrelang zur Verbreitung der Würmer beitragen.

Gefährlich wird das Ganze, wenn der Mensch anstelle der Maus die Eier verschluckt. Bei uns passiert dasselbe wie bei den Kleinsäugern: Die Larven setzen sich in inneren Organen fest. Bis erste fühlbare Beschwerden auftreten, können allerdings viele Jahre vergehen – wertvolle Zeit, in denen eine Behandlung gute Erfolge bringen würde. Ganz besiegen kann man die kleinen Larven nicht, sie lassen sich lediglich bändigen, indem man lebenslang Medikamente einnimmt. Unbehandelt verläuft der Befall fast immer tödlich. Das ist es ja, was die Erreger bewirken möchten: Der Wirt soll langsamer werden, damit der Fuchs ihn leichter fangen kann. Nun gehört der Mensch nicht zur Beute von Reineke, und daher spricht die Wissenschaft in diesem Fall von einem Fehlwirt, weil er auch für die Bandwürmer eine Sackgasse darstellt.

Das Heimtückische beim Fuchsbandwurm ist, dass Sie im Gegensatz zur Tollwut eine Infektion nicht bemerken können. Während Letztere durch einen Biss übertragen wird und damit in Verbreitungsgebieten einen unmittelbar folgenden Arztbesuch auslösen sollte, bleiben Sie bei einer Aufnahme von Bandwurmeiern jahrelang ahnungslos. Die kleinen Kapseln sind hauptsächlich im Fuchskot vorhanden, können aber auch als Ablagerungen auf Beeren oder Pilzen vorhanden sein. Der Fuchs leckt sich sauber, anschließend über sein Fell, von wo die staubige Fracht sich in die Umgebung verteilen kann. Daher lautet der Rat offizieller Stellen, Früchte nicht in Bodennähe zu sammeln und sicherheitshalber alles gut abzukochen, denn die Eier halten große Kälte und Hitze bis zu sechzig Grad aus. Gut, die Gefahr besteht tatsächlich, doch die Frage ist, wie groß das Risiko bei Ihrem nächsten Waldausflug ist. Sollten Sie die roten, aromatischen Walderdbeeren nur noch zerkocht als Marmelade genießen? Oder die prallschwarzen Brombeeren nie wieder aus der Hand in den Mund befördern? Wie sieht es mit dem belegten Brot aus, das Sie auf einem Baumstamm bei einer Rast verzehren? Ohne die Hände, mit denen Sie vielleicht eine Blume mit anhaftenden Eiern pflückten, vorher gewaschen zu haben (und wie sollte das im Wald gehen?), schreit im Hinterkopf künftig immer eine unüberhörbare Stimme »Fuchsbandwurm!«.

Für eine sachliche Analyse ist ein Blick auf die Daten des Robert Koch-Instituts hilfreich. Hier wird ein Teil der meldepflichtigen Infektionen erfasst und ausgewertet. Für den Kleinen Fuchsbandwurm gab das Institut für das Jahr 2014 112 Erkrankungsfälle innerhalb Deutschlands an. Zu 83 Fällen wurde eine Angabe zum Infektionsland gemacht, das heißt zum vermuteten Ort, an dem die Aufnahme der Eier stattfand, etwa im Urlaub. Immerhin 48-mal hatten die Infizierten ihre ungebetenen Gäste aus dem Ausland mitgebracht. Ist Deutschland also vergleichsweise sicher? Die Meldedaten geben nach Angaben der Wissenschaftler nur einen Teil der Lage wieder, da nach ihren Schätzungen zwei Drittel der Infektionen nicht gemeldet werden. Aus rund hundert Fällen werden so also eher 300.[13] Nun könnte man mit der Zahl der Verkehrstoten kontern (2015: 3475[14]) oder mit den vom Blitz getroffenen Personen (etwa hundert pro Jahr[15]), doch wirklich beruhigen kann das nicht. Aber es gibt noch andere Dinge, die Sie wissen sollten. Da wäre Ihr eigener Körper. Da der Fuchsbandwurm uns nicht als Zielorganismus eingeplant hat, ist er nicht optimal angepasst, will heißen: Unsere Abwehr wird mit den meisten Attacken alleine fertig. Die Zahl dieser Attacken ist in den letzten zehn Jahren mit steigender Fuchspopulation ebenfalls gestiegen, scheint aber nach der amtlichen Statistik nun eher zu stagnieren. Vielleicht liegt es daran, dass sich der Fuchsbestand aktuell ebenfalls auf einem stabilen Niveau eingependelt hat.

Doch womöglich schielen wir viel zu sehr auf den Fuchs. Er hat weitläufige Verwandte, die möglicherweise viel gefährlicher für uns sind: Haushunde. Unter ihnen gibt es wahre Mäuseliebhaber, die sich auf jedes Loch in der Wiese stürzen und dort erfolgreich die Bewohner ausbuddeln. Klar, dass sie sich bei dieser Jagd ebenfalls infizieren können. Das ist für die Vierbeiner ebenso nebensächlich wie für den Fuchs; schließlich möchte der Fuchsbandwurm diese sogenannten »Endwirte« nicht töten, sondern unbegrenzt lange nutzen. Doch Hunde scheiden wie ihre wilden Verwandten mit dem Kot Eier aus, lecken sich anschließend sauber und dann über ihr Fell. Die staubig-tödliche Fracht kann sich so in Ihrer Wohnung verteilen oder gleich beim Streicheln an der Hand oder unter den Fingernägeln festsetzen. Und von dort gelangen die Parasiten zu ihrem Fehlwirt – Ihnen. Noch größer ist das Risiko für Katzenbesitzer, denn die Stubentiger fangen und fressen bei Freigang quasi berufsbedingt Mäuse. Leider machen es sich die Fuchsbandwürmer auch in Katzendärmen gemütlich, wodurch Millionen von Familien zum gefährdeten Kreis gehören. Daher sollte der amtliche Rat, Haustiere mindestens alle zwei Monate mit entsprechenden Präparaten zu entwurmen, unbedingt beachtet werden.

Wenn man alles abwägt, Auslandsinfizierungen und Haustiere mit in die Waagschale wirft, dürfte außer bei einigen Risikogruppen wie den Jägern (die Füchse schießen und zur Präparation nach Hause bringen) die tatsächliche Gefährdung für Wanderer, Beeren- und Pilzsammler sehr gering ausfallen. Ich zumindest lasse mir den gelegentlichen Genuss frisch (und möglichst bodenfern) gepflückter Beeren nicht entgehen. Und demnächst wird die Situation vielleicht sogar für vorsichtigere Gemüter wieder besser. Denn immer mehr Landkreise erwägen Entwurmungsaktionen für Füchse. Dabei werden – die Tollwutimpfung lässt grüßen – Köder per Flugzeug abgeworfen, die ein Gift gegen Würmer enthalten. Tatsächlich ließe sich so etwa im Kreis Starnberg nach Angaben der Technischen Universität München das Risiko für Menschen um 99 Prozent reduzieren.[16] Und dennoch bin ich skeptisch. Wenn der Fuchsbandwurm wirklich ausgerottet wird, welche Krankheit mag dann seinen Platz einnehmen? Und ob wir den Kampf gegen die Parasiten dauerhaft gewinnen können, ist mehr als fraglich. Wir halten am Forsthaus Pferde und Ziegen, die ebenfalls regelmäßig entwurmt werden müssen. Daher weiß ich, dass es völlig wurmfreie Tiere niemals gibt; man kann mit den Präparaten lediglich den Befallsdruck reduzieren. Einige Würmer überleben die Behandlung, und das Resultat ist dasselbe wie überall, wo Chemie gegen Schädlinge angewandt wird: Sie werden resistent. Deswegen muss das Mittel regelmäßig gewechselt werden, und dennoch ist der Verlauf der Anpassung von Würmern und Co. nicht aufzuhalten.

Eine flächige Bekämpfung des Fuchsbandwurms müsste also dauerhaft und mit wechselnden Präparaten durchgeführt werden, bloß um nach zehn, zwanzig Jahren durch Resistenzen auf den Ausgangsstand zurückgeworfen zu werden. Macht es wirklich Sinn, ständig und überall selbst bei Wildtieren einzugreifen? Zumal es einfache Möglichkeiten gibt, Vorsorge zu betreiben. Und selbst wer (wie ich) nicht auf ungekochte Waldbeeren verzichten mag, kann wie bei der Borreliose regelmäßig sein Blut auf Antikörper gegen den Fuchsbandwurm untersuchen lassen. Noch besser wäre es gewesen, die Tollwut gewähren zu lassen. Das hört sich vielleicht verrückt an, doch wie hoch wäre die Gefahr tatsächlich? Haustiere werden heute ohnehin geimpft, sodass im persönlichen Umfeld keine Gefahr droht. Die Krankheit würde die Fuchspopulation regulieren, somit käme es nur sehr selten überhaupt zu Kontakten mit dem Menschen. Im Fall der Fälle sieht man einen Fuchs, der sich nähert, besser als Eier vom Fuchsbandwurm, und vor allem: Man merkt, wenn man gebissen wird. Dann reicht ein Gang zum Arzt, eine Spritze mit dem Gegenmittel, und das war's.

Rotkäppchen lässt grüßen

Es gibt wieder Wölfe in Mitteleuropa, und ich möchte sagen: Gott sei Dank! Denn ein altes russisches Sprichwort lautet: Wo der Wolf ist, wächst der Wald. Natürlich können diese Tiere keine Bäume pflanzen, aber sie verhindern, dass zu viele gefressen werden. Die Knospen der kleinen Sämlinge landen im Winter in den hungrigen Mägen von Rehen und Hirschen, deren Zahl sich vor allem durch die jagdliche Fütterung rasant erhöht hat. Zudem plündern große Rotten von Wildschweinen den Waldboden und erschnüffeln fast alle Bucheckern und Eicheln; infolgedessen stellt sich im Frühjahr kaum Baumnachwuchs ein. In der Summe geht es vor allem dem Laubbaumnachwuchs sehr schlecht, und ursprüngliche Wälder waren in unseren Breiten fast ausschließlich Laubwälder. Dort, wo alles weggefressen wird, pflanzen verzweifelte Waldbesitzer Fichten und Kiefern, die wie Brennnesseln und Disteln auf Viehweiden vom Wild kaum angerührt werden. Ihre Nadeln stechen im Maul, ihre Harze und ätherischen Öle sind, wie schon erwähnt, bitter und klebrig, sodass Hirschen und Rehen schnell der Appetit vergeht. In der Folge besteht ein

Großteil unserer Wälder aus solch monotonen Plantagen. Und nun ist der Wolf wieder da und hilft, die Karten neu zu mischen. Wolf gut, alles gut? Ganz so einfach ist es nicht. Die Tiere fressen Fleisch, und zwar am liebsten von Wildschweinen, Rehen und Hirschen. Da sollte es klar sein, dass deren Zahl nun überall dort zurückgeht, wo ein Rudel der grauen Jäger auftaucht.

So simpel funktioniert die Natur aber nicht. Um zu verstehen, wie die Populationen von Beutegreifern und Beutetieren einander beeinflussen, lassen Sie uns zunächst einen Blick in den heimischen Garten werfen. Hier haben wir eine klassische Konkurrenzsituation: Wir Menschen möchten dort Gemüse ernten oder prächtige Rosensträucher heranziehen, die dort lebenden Insekten, Mäuse und Schnecken dagegen haben Appetit auf genau diese herangehegten und gut gedüngten Pflanzen. Will man nun nicht mit der chemischen Keule anrücken, kommt schnell das Thema »Nützlinge« ins Spiel. Ob Marienkäfer oder Kohlmeisen, Igel oder Bussarde, sie alle warten nur darauf, uns zu helfen. Wirklich? Kann man die Zahl der Feinde tatsächlich so steigern, dass die Plagegeister ausgelöscht werden? Das Märchen von den Nützlingen ist, rein wissenschaftlich gesehen, ein Fall für die Mottenkiste, denn sie können sich nur vermehren, wenn es viele Schädlinge gibt. Doch dann ist es ja schon längst zu spät für Ihren Garten, denn bis der Nützlingsnachwuchs seinerseits ins Geschehen eingreifen kann, ist die Saison schon vorbei. Ist es also eher umgekehrt? Ich habe beim Forststudium gelernt, dass die Beute den Greifer reguliert und nicht umgekehrt. Das klingt logisch, trifft aber ebenfalls nicht die Wirklichkeit. Natur ist ein wenig komplizierter, und im Falle dieses Zusammenspiels sind es komplexe Wellenbewegungen in den jeweiligen Populationen, die man beobachten kann.

Schauen wir uns dazu die Isle Royal an, eine Insel im Lake Superior im US-amerikanischen Bundesstaat Michigan. Hier hat die Natur ein einzigartiges Experiment gestartet, bei dem Forscher ab dem Jahr 1958 beobachtend teilnahmen. Zunächst hatten Elche die Insel über den zugefrorenen See erreicht und vermehrten sich dort prächtig. Sie fraßen sich durchs Unterholz und zerstörten einen großen Teil der jungen Bäume. Doch in einem weiteren harten Winter folgte ein Wolfsrudel nach und räumte unter den großen Hirschen kräftig auf. Für die Forscher war die Abgeschiedenheit der Insel ein Geschenk: Beide Populationen waren quasi gefangen, und nun konnte man die Wechselwirkungen auf relativ kleinem Raum (gut, es sind immerhin über 500 Quadratkilometer) untersuchen.

Zu vermuten war Folgendes: Steigt die Zahl der Wölfe, sinkt die Zahl der Elche, weil nun mehr erbeutet werden. Anschließend fällt die Zahl der Wölfe wieder, da sie ja weniger zu fressen haben beziehungsweise länger suchen und jagen müssen, bis sie einen der wenigen Elche erbeuten, sodass mehr von ihnen verhungern. Nun kann die Zahl der Elche wieder steigen. Doch man kann es auch ganz anders sehen: Wenn es viel zu fressen für Elche gibt, vermehren sie sich so, dass auch die Wölfe viel erbeuten können. Hinzu kommt, dass die Vermehrungsrate weiter steigt, je mehr Elche von Wölfen getötet werden. Umgekehrt bedeutet eine größere Wolfspopulation mehr Stress, weil die Beutegreifer nun ihre Territorien stärker untereinander verteidigen müssen. Die Schwankungen der Elchpopulation hängen also stärker von ihrem Lebensraum ab als von den Wölfen, es sei denn, ein hartes Jahr steht an. War der Winter streng, ist die Nahrung knapp, verhungern viele Tiere. Wird der Rest nun stärker vom Wolf bejagt, kann es zu einem weiteren tiefen Einbruch und damit einer heftigen Schwankung nach unten kommen.[17] Sind Sie nun vollends verwirrt? Das glaube ich gerne, und ich erzähle Ihnen dieses Beispiel deshalb, um zu zeigen, dass die Verflechtungen in der Natur oft nicht so eindeutig sind, wie uns das im Unterricht beigebracht wurde. Wie kann dann das alte russische Sprichwort vom Wolf und dem Wald stimmen?

Die Antwort liegt in der Blickrichtung. Wenn wir weniger auf die Schwankungen in der Populationsgröße von Pflanzenfressern als vielmehr auf ihre Verhaltensänderungen schauen, kommen wir der Sache auf den Grund. Und dazu reisen wir gedanklich in den Yellowstone-Nationalpark. Auch dort gab es viel zu viele Pflanzenfresser (vor allem Wapiti-Hirsche), die den Baumbestand massiv reduzierten und ganze Landschaften veröden ließen. Die Ranger verschärften das Problem noch, indem sie die Tiere im Winter fütterten und so die Bestände weiter anschwellen ließen. Im Jahr 1995 kam dann die Wende, als die Ranger zusammen mit Wissenschaftlern Wölfe im Park aussetzten. Bis 1996 wurden insgesamt 31 Tiere wieder angesiedelt, die sich fortan fleißig vermehrten und vor allem eines taten: Hirsche und Elche fressen. So sank die Zahl der Wapitis von 1995 (16 791) bis 2004 (8335) kontinuierlich, um sich auf einem niedrigeren Niveau einzupendeln; die Zahl der Wölfe stieg auf rund 300.[18]

Doch wichtiger als die sinkende Zahl der Pflanzenfresser war die Änderung ihres Verhaltens: Früher weideten Hirsch und Elch gerne die Ufer ab und zerstörten damit den Erosionsschutz der Gewässer. Flüsse und Bäche schnitten sich weiter in die Landschaft ein und transportierten wertvolles Erdreich ab. Die Trübstoffe im Wasser beeinträchtigten Fische und andere Wasserorganismen, der Park verkam stellenweise zu einem Hirschzoo. Mit der Rückkehr der Wölfe mieden Wapitis und Elche die Uferbereiche, da sie dort besonders leicht erbeutet werden konnten.

Schon bald kamen Büsche und Bäume zurück und säumten die Gewässer. Nun konnten sich auch wieder Biber ansiedeln, denen zuvor Stämme als Baumaterial für ihre Dämme und Baumzweige als Nahrung gefehlt hatten. Die Flüsse begannen wieder, mäandrierend durch die Täler zu fließen, und durch die Biegungen verlangsamte sich die Fließgeschwindigkeit und damit auch die Erosionsrate. All dies bewirkte die Anwesenheit eines großen Beutegreifers, und genau dies wäre auch der vorstellbare Effekt, der sich bei uns einstellen könnte.

Doch nun zum Rotkäppchen-Trauma: Wird es jetzt gefährlich im Wald? Müssen wir unsere Kinder von den Straßen holen, da es sogar an Bushaltestellen gefährlich werden soll? Gerd Steinberg, ein Mitglied des »Bündnis gegen den Wolf«, berichtete dem »Nordkurier«, dass ein Wolf neben zwei Kindern an einer ländlichen Bushaltestelle in Sachsen gesehen worden sein soll – die Kinder konnten nach dieser Erzählung noch rechtzeitig in den Bus steigen, sonst wäre …[19] Und hier sind wir wieder beim Rotkäppchen. Genau wie die Brüder Grimm mit ihren Erzählungen uralte Ängste und Mythen aufgriffen, so machen es die modernen Märchenerzähler ebenfalls. Da werden Geschichten, die die Bekannte einer Bekannten wirklich selbst erlebt hat (wirklich!), zur Wahrheit erhoben, da treibt die Fantasie so bizarre Blüten, dass man schier gar nichts mehr glauben mag.

Um ein wenig Licht in das Argumentationsdickicht zu bringen, ist es sinnvoll, sich die streitenden Lager anzuschauen. Da wären zunächst die Jäger. Sie verlieren mit der Rückkehr der Wölfe eines ihrer wichtigsten Argumente. Das lautete bisher: Da es bei uns keine großen Beutegreifer mehr gibt, muss der Jäger diese Aufgabe übernehmen. Ohne eine Reduktion der ausufernden Bestände würden bald Feld und Wald leer gefressen. Neben dieser wegfallenden Rechtfertigung taucht ein weiteres Ärgernis auf. Was wäre etwa, wenn ein tierischer Konkurrent den seit Jahren sorgsam herangehegten Rehbock Hansi fräße und seine prachtvollen Hörner achtlos im Gebüsch verrotteten? Was würde aus den Wochenenden, an denen man entspannt vom Hochsitz aus stets Rehe, Hirsche oder Wildschweine zu sehen bekommt, weil der Wald schier aus allen Nähten platzt? Die Planbarkeit der »eigenen« Bestände wäre dahin. Der Wolf wird daher als Gegner der Jägerschaft gesehen, seine Rückkehr mit legalen Mitteln bekämpft. Der Abschuss, eine schnellst wirksame Maßnahme, stellt eine Straftat dar, die zwar immer wieder vorkommt, aber offiziell verurteilt wird. Zulässig ist es hingegen, die öffentliche Stimmung zu beeinflussen. Und das geschieht zunächst sehr subtil. So wird etwa behauptet, Wölfe würden wieder angesiedelt. Die Wahrheit ist hingegen, dass die natürliche Rückkehr zugelassen wird. Der Unterschied klingt marginal, ist jedoch von großer Bedeutung. Denn das eine wäre ein ungesetzlicher Eingriff in die Natur, das andere die Einhaltung nationaler und internationaler Schutzrechte für eine seltene Tierart, die nun einmal wandert.

Doch eigentlich müssten sich Jäger gar nicht so viele Sorgen machen, denn wir haben ja schon am Beispiel der nordamerikanischen Wölfe gesehen, dass eine Ausrottung von Reh und Hirsch nicht ansatzweise zu befürchten ist. Gut, der eine oder andere Abend wird ohne Sichtung von Jagdbeute vergehen, doch zu wildleeren Wäldern kann es gar nicht kommen, da sonst die Beutegreifer selbst verhungern würden. Es gibt jedoch Ausnahmen: Künstlich angesiedelte Tiere wie Muffelschafe haben in Wolfsrevieren nichts zu lachen. Die Schafe haben beeindruckende Hörner, die sich in Spiralen links und rechts vom Kopf präsentieren. Als Jagdtrophäe sind sie begehrt, doch die Sache hat einen Schönheitsfehler. Es handelt sich nämlich lediglich um Haustiere, die schon vor Jahrtausenden in den Mittelmeerraum eingeführt wurden. Wegen ihres schönen Kopfschmucks siedelten Jäger sie im deutschsprachigen Raum an und vergrößerten so das Angebot an Trophäen.

Die Gebirgstiere bekommen in unseren Breiten allerdings heftige Probleme. Ihre Hufe nutzen sich normalerweise an Felsen ab und wachsen entsprechend schnell nach. Auf den weichen Waldböden dagegen funktioniert dies nicht – die »Fingernägel« werden länger und länger, biegen sich um, und es beginnt unter ihnen zu faulen. Etliche Tiere können daher nur noch hinkend durch ihren Lebensraum ziehen. Und nun kommt der Wolf ins Spiel. Da er Energie spart und sich die leichteste Beute aussucht, fällt seine Wahl schnell auf Muffelschafe. Wo beide Arten aufeinandertreffen, verschwindet der Mufflon aus der Wildbahn. Man könnte auch sagen: Der Wolf stellt wieder die natürlichen Verhältnisse her. Dass dies Jägern missfällt, braucht nicht betont zu werden. Doch könnte man nicht den Spieß umdrehen und das Argument der künstlichen Ansiedlung auf den Wolf übertragen? Dumm nur, dass dies nicht nachzuweisen ist, denn der graue Jäger ist von ganz allein zurückgekommen.

Das Argument ist dennoch zu schön, um fallen gelassen zu werden, und daher greift man nach jedem Strohhalm. So wurde 2014 im »Jägermagazin« behauptet, die Bundespolizei habe an der deutsch-polnischen Grenze einen Transporter gestoppt, in dem Wölfe und Luchse gefunden worden seien, die zur Auswilderung in Deutschland illegal eingeführt werden sollten. Die Pressestelle der Bundespolizei sah sich zu einer offiziellen Mitteilung genötigt, um den Sachverhalt klarzustellen. Demnach habe man tatsächlich ein Fahrzeug durchsucht, und man habe dort wirklich einen Steppenwolf gefunden. Allerdings handelte es sich dabei um kein Tier, sondern um ein Fahrrad der gleichnamigen

Marke, welches im Rahmen von Hehlerware nicht ein-, sondern ausgeführt werden sollte.[20]

Die zweite Fraktion der Wolfsgegner sind die Schafhalter. Sie fürchten um ihre Tiere, die für Beutegreifer wie auf dem Präsentierteller stehen. Zäune mit nur achtzig Zentimeter Höhe halten die grauen Jäger nicht davon ab, die Einladung zum Büfett anzunehmen – wenn die Tiere überhaupt eingezäunt sind. Was bei Wanderschäfern noch nachvollziehbar sein mag, geht mancherorts nur auf eine traditionelle Bequemlichkeit zurück. So haben wir es in Norwegen mehrfach erlebt, dass die Herden völlig herrenlos in der freien Natur weiden, um dann im Herbst wieder zu den heimischen Ställen zurückgetrieben zu werden. Ein Wolf wendet zum Sattwerden so wenig Energie wie nötig auf, und ein Schaf im Wald ist nun mal langsamer als ein Reh oder ein Wildschwein. Kein Wunder, dass die Norweger nur eine Minipopulation Wölfe im Grenzgebiet zu Schweden dulden, um nach der Weidesaison möglichst alle Tiere wieder wohlbehalten einfangen zu können.

Ansonsten ist in Europa die Haltung auf Koppeln, also umzäunten Weiden, üblich. Die meisten Schaf- und Ziegenhalter besitzen nur kleine Herden, die eher als Hobby gehalten werden. So sind auch unsere drei Ziegen nicht wirklich Bestandteil unseres Lebensunterhalts, sondern sollen uns eher erfreuen. Sie vor Wölfen zu schützen war sehr einfach: Wir haben einen höheren Elektrozaun gekauft. Je nach Angabe sollten neunzig Zentimeter reichen, wir haben uns sicherheitshalber für die Variante mit 120 Zentimeter Höhe entschieden. Dieser Zaun sieht aus wie ein Netz und lässt selbst Füchsen keine Durchschlupfmöglichkeit. Wichtig ist nur, dass die Zauntrasse stets gut gemäht ist. Wächst Gras in die drahtummantelten Geflechte ein, leitet es den Strom in den Boden und macht die Absperrung wirkungslos. Ansonsten sendet das angeschlossene

Weidezaungerät im Sekundentakt Impulse durch die Drähte. Berührt man den Zaun, so fließt dieser Impuls durch den Körper. Das tut richtig weh, wie ich selbst öfter feststellen durfte, wenn ich bei Zaunarbeiten nicht auf »aus« gestellt hatte. Der Schmerz ist so heftig, dass ich danach wochenlang besonders auf der Hut bin. Genauso geht es den Ziegen innerhalb des Netzes, aber auch potenziellen Wölfen außerhalb. Oberhalb der Drähte sollte noch ein gut sichtbares Flatterband angebracht werden; das vermindert die Chance des Überspringens zusätzlich.

Nun argumentieren Schäfer, das sei zu teuer, und bei Profis mit riesigen Herden kann ich das auch nachvollziehen. Doch der Staat hat reagiert und bietet Fördermittel an. Diese gelten nicht nur für die Zäune, sondern auch für die Anschaffung spezieller Hunde. Diese großen Rassen leben zusammen mit den Schafen und glauben womöglich, selbst eins zu sein. Sie bleiben Tag und Nacht bei »ihrer« Herde und beschützen diese gegen jeden Angreifer. Dabei reicht es meist aus, dass sie sich zeigen, um etwa Wölfe in die Flucht zu schlagen, oder auch mal einen Wanderer, der den Tieren zu nahe kommt. Im Gegensatz zu Hütehunden, die den ganzen Tag quirlig um die Schafe jagen und sie dorthin treiben, wo der Schäfer es mit seinen Pfiffen anzeigt, dösen Herdenschutzhunde oft neben den grasenden Wollknäueln und sind kaum zu bemerken. Überall dort, wo solche Bewacher aufpassen, gibt es ein friedliches Zusammenleben von Mensch und Wolf.

Jetzt haben wir die ganze Zeit über den Wolf gesprochen, ohne ihn richtig vorzustellen. Das ist jedoch wichtig, um zu verstehen, wie er sich in unseren gemeinsamen Lebensraum einfügt. Zunächst einmal sind Wölfe Beutegreifer, das heißt, sie jagen andere Tiere. Zu ihrem Spektrum gehören in unseren Breiten Rehe, Hirsche und Wildschweine, der Mensch interessiert sie in diesem Zusammenhang nicht.

Wenn sie nicht an große Säugetiere herankommen, dann dürfen es durchaus auch kleinere Tiere bis hin zu Mäusen sein – auch der kleinste Happen lindert den Hunger.

Gut, Wölfe sind also nicht generell gefährlich, sondern eher scheue Zeitgenossen. Sie mögen uns weder als Fressen noch als Betreuer, sondern meiden uns ganz einfach. Nicht jedoch unsere Umgebung, die sogenannte »Kulturlandschaft«. Wir haben in Mitteleuropa auch kaum etwas anderes zu bieten, denn es gibt praktisch keinen Quadratmeter Natur mehr. Alle Urwälder wurden gerodet, große Teile der Landschaft in künstliche Steppen aus Gras und Ackerpflanzen umgewandelt. Die Landschaft ist durch das Straßen- und Wegenetz in winzigste Parzellen zerschnitten. Rund 650 000 Kilometer asphaltierter Verkehrswege sind es allein in Deutschland,[21] zu denen sich im Wald noch einmal 1,4 Millionen Kilometer befestigte Wege für Holztransporter gesellen. Ruhe und Abgeschiedenheit sehen anders aus.

Dem Wolf ist das egal, solange er Rückzugsräume für die Aufzucht seiner Welpen findet. Was könnte besser geeignet sein als Truppenübungsplätze? Ruhig sind sie zumindest zeitweise sicher nicht, doch Pilzsammler und Jogger sind von diesem Terrain ausgeschlossen. Ansonsten sollte eine ausreichend große Anzahl potenzieller Beutetiere wie Rehe, Hirsche und Wildschweine vorhanden sein – ebenfalls kein Problem, wie schon erwähnt wurde. Diese scheint er viel lieber zu verspeisen als unsere durch Zäune und angezüchtete Zahmheit vermeintlich leichter zu jagenden Schafe und Ziegen. In der ostdeutschen Lausitz, wo man die längste Erfahrung mit Wölfen hat, wurde über zahlreiche Kotproben analysiert, was alles durch die Wolfsmägen wandert. Mit über fünfzig Prozent führen Rehe die Statistik an, gefolgt von Wildschweinen und Hirschen. Haustiere und Mäuse wurden in einer Gruppe zusammengefasst, weil ihr Anteil so gering ist: unter einem Prozent.[22]

Obwohl Wölfe als Kulturfolger gelten dürfen, sich also bestens in unserer umgestalteten Landschaft zurechtfinden, vergreifen sie sich nur sehr selten an unseren Nutztieren. Und die Wildtiere, die Jäger gerne als das Zubehör ihrer Pachtreviere verstehen, sind per Gesetz herrenlos, gehören also niemand anderem als sich selbst. Einen echten Schaden erleiden also nur die wenigen Nutztierhalter, die angebotene Hilfen nicht wahrnehmen, ansonsten herrscht Friede. Und damit lässt sich kaum eine Abwehrfront gegen die Heimkehrer aufbauen.

Wenn sonst nichts hilft, wird das Wort »Problem« aus dem Ärmel geschüttelt. Fügt man es vor das jeweilige Tier, so kann man es ins Visier von Behörden zerren. Bruno, der Braunbär, war der Erste, den es traf. Er vagabundierte im Jahr 2006 durch Bayern und wurde zunächst willkommen geheißen. Doch die Bevölkerung war nicht auf die Ankunft eines so großen Allesfressers vorbereitet. Ähnlich der nicht angepassten Schafhaltung in Wolfsgebieten, präsentierten sich Meister Petz ungesicherte Bienenstände und auch das ein oder andere arglose Schaf. Er griff zu und wurde damit zum Problembär. Die Lösung war schnell zur Hand und lautete: Abschuss! Bruno ist nun immer noch in Bayern, allerdings nur als ausgestopftes Präparat im Münchener »Museum Mensch und Natur«. Könnte das nicht auch die Lösung für Wölfe sein? Gibt es nicht bereits genügend gefährliche Nahbegegnungen?

Übrigens passieren tatsächlich jede Menge gefährliche Angriffe durch Wölfe in Deutschland – oder Beinahe-Wölfe. Beinahe-Wölfe sind Hunde, die sich von ihren wilden Verwandten im Wesentlichen durch eines unterscheiden: Sie sind zahm, haben also keinerlei Berührungsängste und halten im Zweifelsfall null Abstand. Das »Deutsche Ärzteblatt« rechnet von jährlich 30 000–50 000 registrierten Bissverletzungen bei Menschen sechzig bis achtzig Prozent ursächlich Hunden zu.[23] Stellen Sie sich einmal vor, es würden lediglich zehn Wolfsbisse pro Jahr stattfinden – ich denke, dass es in der betreffenden Region nicht nur massive Proteste gäbe, sondern sogleich Abschüsse dieser Problemtiere. Doch diese zehn Bisse gibt es gar nicht, und gegen Hunde möchte niemand etwas unternehmen. Messen wir hier nicht mit zweierlei Maß? Ich persönlich würde jedenfalls im Wald zehnmal lieber einem frei lebenden Wolf begegnen als einem herrenlosen Schäferhund – Letzterer würde nämlich im Zweifelsfall eher zubeißen.

Doch wenn Sie wirklich eines Tages das große Glück haben und einem Wolf gegenüberstehen, dann geht der Puls sicherlich nach oben. Ein paar Ratschläge können für diesen Fall nicht schaden, und sie lauten: Machen Sie sich groß, klatschen Sie in die Hände und rufen laut. So wird das Tier auf Sie aufmerksam; auch ein In-die Augen-Starren ist wirksam. Falls Sie sich unsicher fühlen, können Sie sich langsam zurückziehen. Die Betonung liegt auf *langsam*, denn ein Wegrennen kann den Beutegreifer-Reflex auslösen. Bewerfen Sie die Tiere bitte nicht mit Steinen oder Stöcken, weil sie das höchstens neugierig macht. Um ganz sicherzugehen, könnten Sie auch noch Pfefferspray mitführen – mehr ist wirklich nicht nötig. Wölfe sind nur neugierig, nicht angriffslustig. In den meisten Fällen wird es eher so sein, dass Sie die Tiere höchstens von Weitem zu Gesicht bekommen, bevor sie wieder verschwinden.

Die Tipps zum Verhalten bei einer Wolfsbegegnung habe ich übrigens von Elli Radinger, einer befreundeten Wolfsforscherin und Autorin. Sie hat ihre Ratschläge zusammen mit dem Experten Günther Bloch in einem Buch zusammengefasst (»Der Wolf ist zurück«). Und Sie sollten nur auf echten Expertenrat hören. Leider gibt es immer mehr selbst ernannte oder auch behördlich bestätigte Wolfsberater, die von dem Verhalten der Tiere nur sehr wenig verstehen, weil sie diese noch nie selbst in freier Wildbahn beobachten konnten. Und so machen schnell Geschichten von Problemwölfen die Runde, die sich angeblich unnatürlich nahe an Siedlungen aufhalten und ihre Scheu verlieren. Dabei interessiert es Wölfe oft nicht, was wir in ihr Treiben hineininterpretieren, solange sie sich selbst unbehelligt fühlen. So weiß Elli Radinger zu berichten, dass eine Wölfin in der Nähe der spanischen Stadt Léon mit ihren elf Welpen in einem abgemähten Kornfeld herumlief, während nebenan der Bauer mit seinem Traktor mähte. In der rumänischen Stadt Braşov war die Wölfin »Timisch« regelmäßig anzutreffen, die dort ob ihres Senderhalsbands für einen Hund gehalten wurde. Passiert ist auch dort nichts, und daraus könnten wir für einen entspannteren Umgang mit Wölfen lernen.[24]

Dass Wölfe grundsätzlich nicht gefährlich sind, soll aber umgekehrt nicht zu einer verklärten Sicht auf die Tiere führen. Nicht umsonst ist ihre private Haltung bis auf wenige Ausnahmen verboten, das Gleiche gilt für Mischlinge Hund/Wolf. Denn sie bleiben, was sie sind: wilde Gesellen, die sich nicht als Kameraden zum Kuscheln eignen. Genauso verboten ist übrigens das Füttern von Wölfen, und das ist die einzige echte Gefahr, die von übertriebener Liebe zu den Tieren ausgehen kann. Denn so könnten Wölfe ihre angeborene Abneigung überwinden und eine Mindestdistanz unterschreiten, die sie eigentlich daran hindert, sich uns zu nähern. Dieses Argument wird natürlich sogleich von Wolfsgegnern genutzt: Sie sehen diese Distanz schon bei Begegnungen mit Jungwölfen unterlaufen, die in sehr seltenen Fällen bis auf wenige Meter neugierig an Menschen herankommen, um dann wieder abzudrehen. Das Fatale ist, dass uns die durch diese Schauergeschichten ausgelöste Angst im Nacken sitzen bleibt, ähnlich wie bei Haien. Seit dem Film »Der weiße Hai« mühen sich ungezählte Tierfilmer, das Image vom Meeresmonster wieder zu korrigieren – bisher vergeblich.

Der Wolf ist nicht der einzige große Beutegreifer, der sich anschickt, unsere Wälder zurückzuerobern. Braunbär Bruno habe ich schon erwähnt, der als erster Vertreter seiner Art nach vielen Jahrzehnten Abwesenheit wieder heimisch werden wollte. Ob ein Zusammenleben mit solchen Allesfressern tatsächlich so unproblematisch ist wie mit den Wölfen, steht noch infrage. Auf unser Fleisch hat es Meister Petz ebenfalls nicht abgesehen, doch da er auch Pflanzen verspeist, deckt sich sein Beutespektrum deutlich stärker mit unserem eigenen. Ob Ackerfrüchte, Beeren und Pilze, Honig oder Haustiere, alles wird gerne genommen. Dabei können sich einzelne Tiere auf besondere Leckerbissen spezialisieren, wenn man es denn so nennen möchte. Ein Kollege erzählte mir aus seiner Zeit als Praktikant in Norwegen, dass sich dort im Gebirge Bären auf Schafseuter konzentriert hätten. Doch nicht etwa, um die Milch zu trinken, nein, das zarte Gewebe hatte es ihnen angetan. Dazu schlugen sie die Schafe mit einem Prankenhieb k. o. und bissen den betäubten Opfern dann beherzt zwischen die Beine. Dass der Anblick der schwer verletzten Tiere die Schäfer in Rage brachte, ist nachvollziehbar. Zusammen mit der schon erwähnten sehr sorglosen Weidehaltung führte dies zu einer denkbar geringen Toleranz gegenüber den imposanten Wildtieren. Auch aus Rumänien gibt es Berichte über Braunbären, die sich nicht mehr aus den Innenstädten vertreiben lassen. Da sie unsere Speisen lieben, sind Müllcontainer ein gefundenes Fressen. Und genau das unterscheidet sie von Wölfen. Letztere sind an lebender tierischer Beute interessiert, die eher in dünn besiedelter Landschaft zu finden ist.

Ob es gelingt, Bären in Mitteleuropa flächig wieder heimisch werden zu lassen, wird maßgeblich davon abhängen, wie man die Tiere von unseren Siedlungen fernhalten kann. Vergrämung mit Krach und Gummigeschossen wäre das harmloseste Mittel, aber möglicherweise mit entsprechend schwacher Wirkung. Was beim Wolf völlig überflüssig ist, könnte sich bei dieser Art als bittere Notwendigkeit erweisen: die Jagd. In Schweden, neben Rumänien dem EU-Land mit dem größten Braunbärbestand, funktioniert dies offensichtlich so gut, dass Sichtungen eine extreme Seltenheit sind. Während in Norwegen nur rund dreißig Exemplare die Wälder durchstreifen, gönnen sich ihre Nachbarn 2000–3000 Tiere. Ich weiß noch, wie glücklich ich war, als ich auf einer langen Outdoortour mitten im Bärenrevier wenigstens Fußabdrücke und einen dicken Haufen Kot fand. Und das ist genau der Punkt: Während viele Menschen auf die Gefahren schauen, wäre es sinnvoller, auch die Chancen ins Visier zu nehmen. Natur bekommt ihre Würze zurück, und das erhöht nicht nur den Reiz von Wanderungen, wie der Wolf zeigt. Wolfstouren gibt es nun nicht mehr nur in Nordamerika, etwa dem Yellowstone-Nationalpark, sondern mitten in Deutschland. Beutegreifer, die der Tourismusindustrie helfen – das sind die Schlagzeilen, die ich mir wünsche.

Auch schäferhundgroße Katzen durchstreifen mittlerweile wieder einige Mittelgebirge: die Luchse. Sie kommen allerdings nicht ganz ohne Hilfe aus, da sie sich nicht so stark vermehren können wie Wölfe und daher von illegaler Bejagung besonders stark betroffen sind. Der Grund ist hier ebenfalls ihr Appetit auf Rehe und Hirsche, der sie in den Augen mancher Jäger zu Konkurrenten um Trophäen macht. Da Luchse noch stärker die Nähe des Menschen meiden und zudem Einzelgänger sind, die kaum den tiefen Wald verlassen, werden Sie die schönen Tiere wohl nie in Freiheit zu Gesicht bekommen. Immerhin besteht die Chance, Fährten im Schnee zu finden.

Bestimmungsbuch ohne Staub

Ich habe staubtrockene Führungen noch nie geliebt. Sei es in der Stadt, in einem Museum oder in der Natur – wenn die Fakten in wissenschaftlicher Manier und ohne Augenzwinkern präsentiert werden, dann wird mir schnell langweilig. Und weil es Schulklassen oft ähnlich geht, habe ich mit ihnen andere Waldführungen veranstaltet. Warum sollte man Bäume nur an der Form der Blätter und Nadeln erkennen und nicht am Geschmack? Und so ließ ich die Knirpse der benachbarten Grundschule herzhaft zubeißen. Da wären etwa die frischen Fichtentriebe im Frühjahr. Sie sind noch weich und gut zu kauen und schmecken dabei wie milde Zitronen mit einem leichten Grundton aus Harz. Diese hellgrünen Würstchen können Sie auch gut als Tee aufbrühen und sich die Baumart auf andere Art und Weise noch einmal durch den Kopf gehen lassen. Die Grundschüler fielen mit ihrem Testverfahren bei den Waldjugendspielen auf, die das benachbarte staatliche Forstamt alljährlich veranstaltet. Als sie bei einem Parcours nach der Fichte gefragt wurden, bissen sie zur Probe erst einmal in die Zweige. Der Forstamtsleiter, der den Stand betreute, rief leicht genervt aus: »Das ist bestimmt die Klasse von Herrn Wohlleben!«

Ich plädiere nicht dafür, grundsätzlich alles am Geschmack zu erkennen. Denn es gibt auch giftige Gesellen unter den Bäumen, wie wir noch sehen werden. Doch wenn Sie einmal anhand eines Bestimmungsbuches herausgefunden haben, was eine Fichte, Eiche oder Weide ist, lässt sich die neue Erkenntnis mit allen Sinnen besser einprägen – auch und gerade bei Kindern. Saure, durstlöschende Nadelbaumtriebe bleiben eben besser im Gedächtnis haften als staubtrockene lateinische Namen.

Ähnliches wäre über die Buche zu sagen. Die frischen Maiblätter sind zart und haben eine leicht säuerliche Note, nur ohne Harz. Sie lassen sich gut zu einem Waldsalat verarbeiten, der allerdings sehr frisch zubereitet werden muss. Das Dressing sollte erst unmittelbar vor dem Verzehr hinzugefügt werden, da die Blättchen sonst sofort zusammenfallen. Wenn Sie von den unteren Zweigen eines großen Baumes ernten, schaden Sie ihm nicht im Geringsten. Sie befinden sich sogar in guter Gesellschaft: Viele Käferarten, aber auch Rehe und Hirsche tun es Ihnen gleich und genießen diese Leckerbissen.

Essen können Sie die Triebe vieler heimischer Baumarten. Ob Ahorn, Birke, Eiche, Linden, ob Kiefer, Lärche oder sogar Obstbäume, alle jungen Triebe schmecken, und das mit unterschiedlichen Noten. Mümmeln Sie sich einfach durch das geschmackliche Bestimmungsbuch der Natur. Doch wenn ich »vieler« sagte, gibt es tatsächlich Ausnahmen. Die Nadeln der Eibe etwa sehen denen der Tanne zum Verwechseln ähnlich, sind aber im Gegensatz zu Letzterer hochgiftig.

Auch die Nase muss nicht zu kurz kommen. So strömen die Nadeln der Douglasie, zwischen den Fingern zerrieben, einen Duft aus, der Orangeat ähnelt. Eichenrinde und

Holz riechen stark nach Gerbsäure, die früher tatsächlich aus der Borke gewonnen wurde. Sie dient eigentlich der Abwehr von Schädlingen und macht zum Beispiel Gartenbänke aus Eiche resistent gegen Pilzbefall.

Eine nicht heimische Art, die eher in Parks und Gärten zu finden ist, macht mit üblem Gestank auf sich aufmerksam. Es ist der Ginkgo, der ob seines entwicklungsgeschichtlichen Alters als lebendes Fossil gilt. Daher wird der Art großer Respekt entgegengebracht, wahrscheinlich auch, weil aus den Blättern Extrakte gegen allerlei Leiden gewonnen werden. Blühen die Bäume, dann wird es im Wortsinne übel: Die weiblichen Exemplare bilden Früchte, die nach Buttersäure, also nach Erbrochenem, stinken. Falls Sie sich für einen solchen Baum als Schattenspender für den Garten interessieren, sollten Sie lieber einen männlichen Ginkgo pflanzen.

Sind Ihnen Geschmack und Geruch zu vage? Möchten Sie eine genauere Beschreibung der häufigsten Arten? Bitte schön, hier kommt sie:

Die Fichte – eine Baumart mit Heimweh

Die Fichte, genauer gesagt die Rotfichte *(Picea abies)*, ist mittlerweile unsere häufigste Art. Mehr als jeder vierte Baum wird von dieser Spezies gestellt, und das ist wörtlich zu nehmen, denn an ihren Platz wurde sie in aller Regel gestellt beziehungsweise gepflanzt. Von Natur aus liebt sie es feucht und sehr kalt, bevorzugt also das klassische Taigaklima, wie wir es aus dem Norden Skandinaviens oder den Hochlagen der Alpen kennen. Dennoch ist sie mittlerweile in vielen Tieflagen anzutreffen, und ihre Beliebtheit bei Waldbesitzern und Förstern ist vor allem auf zwei Dinge zurückzuführen: Sie wächst immer schön gerade (entgegen der Erdanziehungskraft), und Rehe und Hirsche mögen die mit stechenden Nadeln besetzten Triebe nicht besonders. Ihr Holz eignet sich zum Bauen und als Rohstoff für Papier, sodass es meist gut zu vermarkten ist. Dennoch gibt es eine Reihe von Gründen, die gegen ihren Anbau sprechen. Aus ökologischer Sicht wären Tausende von Kleinsttierarten zu nennen, die keinen Appetit auf saure Nadeln haben. Da es in den dunklen Fichtenplantagen kaum etwas anderes zu fressen gibt, bleibt ihnen nur eines: Sie sterben lokal aus.

Zur Unterscheidung von anderen Nadelbaumarten eignen sich die Rinde (wenig rau, rotbraun) und die Zapfen (oft zehn Zentimeter und länger, hellbraun), da beides gut vom Boden aus begutachtet werden kann.

In den nächsten Jahrzehnten wird die Fichte aus den meisten Wäldern Mitteleuropas verschwinden. Ursache ist der Klimawandel, der es trockener und heißer werden lässt. Für die kälteliebende Nordländerin bedeutet das vielerorts jetzt schon das Aus, so auch in meiner früheren Heimat Sinzig am Rhein. Das Klima im Flusstal ähnelt fast der Mittelmeerregion, die Temperaturen liegen an vielen Tagen vier Grad über denen der Eifel, wo unser Forsthaus steht. Jedes Jahr überfällt der Buchdrucker, ein kleiner Borkenkäfer, die Nadelholzplantagen. Er ist ein Schwächeparasit und bohrt nur Fichten an, die sich nicht mehr richtig wehren können. Wird es zu trocken, können die Bäume bei einer Käferattacke kein Harz mehr herausdrücken und die sich einbohrenden Angreifer ertränken – ihnen geht quasi die Spucke aus. In vielen Teilen Mitteleuropas ist das heute bereits für die Fichte der Normalfall, und das eine Grad Klimaerwärmung, welches wir heute schon registrieren müssen, bedeutet in Sinzig und vielen ähnlichen Orten das Ende für diesen Nadelbaum.

Die Kiefer – ein Spezialist auf wackeligen Füßen

Die Kiefer erlebte einen ähnlichen Siegeszug wie die Fichte. Durch die Forstwirtschaft wurde der Baum weit über sein natürliches Verbreitungsgebiet hinaus angebaut, welches ursprünglich ebenfalls im kalt-feuchten Norden lag. Ihr Anteil an der deutschen Waldfläche liegt laut Bundeswaldinventur bei knapp 25 Prozent. Nichts gegen die Kiefer – sie ist ein wunderschöner Baum. Rund um unser Forsthaus stehen einige etwa 140 Jahre alte Exemplare. Ihre langen Nadeln, immer hübsch in Zweiergruppen rund um die Zweige angeordnet, ihre dicke, tief gefurchte Rinde, die oben am Stamm in eine glatte, orangefarbene Haut übergeht, ihre kurzen Zapfen; all das ist ein schöner Anblick. Da das Haus 1934 gebaut wurde, standen diese Bäume also schon vorher dort.

Wo einzelne Bäume eine Bereicherung für den Garten darstellen können, können Hunderttausende von ihnen eine grüne Wüste bilden. So etwa in Brandenburg, wo unter den in monotonen Reihen gepflanzten Kiefern kaum etwas anderes gedeiht. Waldbrände, in Mitteleuropas Laubwäldern einst völlig unbekannt, lassen sich hier nur mit großem Aufwand auf einem erträglichen Niveau halten. Das Holz der Kiefer ist übrigens in der Rangliste der gefragten Arten ganz unten angesiedelt – ein weiteres Argument, endlich vom Anbau dieser Bäume abzusehen.

Die Weißtanne – sie wäre am liebsten ein Laubbaum

Ertönt im Wald der Ausruf »Hey, da liegen Tannenzapfen!«, dann ist das alles, bloß kein Tannenzapfen, denn die zerbröseln auf dem Baum. Ein zapfenfreier Boden ist also ein erster Hinweis auf eine Weißtanne. Ein zweiter sind die flach gescheitelt am Zweig angeordneten Nadeln, die unterseits zwei weiße Streifen aufweisen. Sie stechen nicht und sind dunkler als Fichtennadeln, die einen leichten Gelbstich aufweisen. Zusammen mit der silbergrauen Rinde, die wie bei der Fichte wenig rau ist, sollte die Bestimmung gelingen.

Weißtannen sind die Laubbäume unter den Nadelbäumen. Sie tauchen im Verbund mit den Buchenurwäldern auf und sind dort in wenigen Exemplaren anzutreffen. Ihre Wurzeln reichen tief, ihre Nadeln sind mild und eine Köstlichkeit für Bodentierchen – die Weißtanne wäre so gesehen tatsächlich eher bei den Laubbäumen einzuordnen (wären da nur nicht die Nadeln). Im Norden Deutschlands taucht sie von Natur aus (noch) nicht auf, denn sie war eine der letzten Baumarten, die nach der Eiszeit wieder hierher zurückgekehrt sind. Woran das liegt? Vielleicht sind die Vögel schuld, die für den Lufttransport der Samen nach Norden sorgen. Der Tannenhäher, das Pendant zum Eichelhäher, vergräbt zwar pflichtschuldig Tannensamen als Wintervorrat, manchmal auch kilometerweit nordwärts vom Mutterbaum, und aus dem Überschuss könnten genügend junge Bäume keimen. Könnten. Denn im Gegensatz zu seinen Laubwaldverwandten sucht der Tannenhäher für seine Depots ausgesprochen trockene Fleckchen aus, damit die Vorräte nicht so schnell verderben. Leider kommt dann auch im Frühjahr oft so wenig Wasser an die überzähligen Samen, dass es nichts wird mit neuen Tannen. Hier trödelt also nicht die Tanne, sondern der Häher.

Die Sämlinge der Weißtanne zählen zu den Lieblingsspeisen von Rehen und Hirschen, sodass sie aufgrund der großen Pflanzenfresserpopulationen vielerorts schon verschwunden ist.

Die Rotbuche – Mutter des Waldes

Den pathetischen Titel »Mutter des Waldes« habe nicht ich erfunden, nein, er wird schon seit Generationen von Förstern benutzt. Warum gerade diese Baumart mit so einem liebevollen Titel belegt wird? Vielleicht hängt es mit ihren erstaunlichen Fähigkeiten zusammen. Die alten Mutterbäume beschatten ihren Nachwuchs, der im tiefen Dämmerlicht kaum mehr als einen Meter in hundert Jahren wächst. Das ist notwendig, um als Baum uralt zu werden und die Kräfte nicht vorzeitig zu verbrauchen. Damit die Kleinen mangels Licht nicht verhungern, werden sie über Wurzelverwachsungen von ihren Eltern regelrecht gestillt, indem diese Zuckerlösung herüberpumpen. Gleichsam fürsorglich gehen später auch die ausgewachsenen Bäume miteinander um. Sie helfen schwachen Exemplaren durch ähnliche milde Gaben, um selbst im Krankheitsfall ebenfalls unterstützt zu werden. Das Resultat ist eine robuste Gemeinschaft, die zusammen viel widerstandsfähiger ist als eine einzelne Buche. Und dennoch sind die alten Wälder in höchster Gefahr. Die Buche war einst *der* deutsche Baum und bildete auf rund achtzig Prozent der Fläche imposante Urwälder. Sie wurden abgeholzt, zu Äckern und Viehweiden degradiert, die später teilweise wieder aufgeforstet wurden. Leider nutzte und nutzt man dazu häufig Fichten, Kiefern und andere Nadelbäume, sodass die Rückkehr unseres typischen Ökosystems auf großer Fläche weiter auf sich warten lässt. Nur wenig mehr als ein Promille an halbwegs intakten alten Buchenwäldern existiert noch, bedauerlicherweise meist ohne Schutzstatus.

Die Eiche – leider nur auf Platz zwei

Was ist nur mit der deutschen Eiche los? Überall macht sie Schlagzeilen: Im Rhein-Main-Gebiet und auch vielen anderen Forsten zieht sie die Aufmerksamkeit durch absterbende Kronen auf sich, im städtischen Bereich eher durch den Eichenprozessionsspinner, der mit seinen Gifthaaren jeden Freilandaufenthalt verleidet. Und im Wald selbst unterliegt sie oft gegen die Buche, sodass sie ohne Hilfe des Menschen vielerorts verschwindet. Dabei steht die Eiche doch für unerschütterliche Standfestigkeit und Durchhaltevermögen. Ist das alles nur ein Mythos? Nicht ganz. Früher war die Eiche für den Menschen viel wichtiger als heute. Aus ihrem zähen Holz ließen sich nicht nur Gebäude, sondern auch Kriegsflotten zimmern. Der herbstliche Eichelsegen half dabei, die Schweine vor der Schlachtung noch einmal richtig zu mästen. Aus dieser Zeit stammt auch der Begriff »Mastjahr« für ein Jahr mit besonders vielen Eicheln.

Und heute? Eichen würden von Natur aus bei uns keine Wälder bilden, sondern immer nur in Einzelexemplaren vorkommen. Das ist den wirtschaftenden Menschen oft zu wenig, sodass die Eiche in großen Reinbeständen angepflanzt wird. Dadurch ergeben sich die gleichen Probleme wie in anderen Plantagen. Spezialisierte Schmetterlingsarten fressen manchmal ganze Wälder kahl, und der gefürchtete Prozessionsspinner kann sich hier besonders gut ausbreiten. Er braucht besonnte Eichenkronen, und die gibt es in den Forsten überall. Durch ständige Durchforstungen bleiben die Eichenwälder lückig, kann überall Sonnenlicht einfallen, und das macht es für die kleinen Lästlinge so richtig gemütlich.

Die Birke – ein Luder mit Peitsche

Weiße Rinde mit schwarzen Partien: Das ist unverwechselbar eine Birke. Streng genommen können Sie bei Waldspaziergängen auf zwei Birkenarten stoßen, die Moor- und die Sandbirke. Doch da Erstere sehr selten ist, nehmen wir ihre viel häufigere Schwester ins Visier, die mit Zweitnamen auch Hängebirke heißt. Ihre Äste sind lang und dünn und – wie der Name andeutet – hängen schlapp nach unten. Wir Menschen verbinden das häufig mit Trauer, weil eine entsprechende Körperhaltung auf fehlende Antriebskraft hinweist. (Die Trauerweide übertreibt es in dieser Hinsicht ein wenig.) Doch die Hängebirke wird, beurteilt man sie nur aufgrund dieser Analogie, völlig unterschätzt. Ihre Zweige sind nämlich in Wahrheit Peitschen, sodass der Name »Peitschenbirke« angemessener wäre. Gleich einer Domina schlagen ihre Zweige bei jedem Windhauch hin und her, und wenn so ein Baum im Wald steht, treffen die Schläge seine Nachbarn. Und das ist Absicht!

Bei uns im Garten steht eine große Douglasie, ein Nadelbaum aus Nordamerika, den mein Vorgänger gepflanzt hat. Mit rund dreißig Meter Höhe hat er eine große Krone, die mit blaugrünen, weichen Nadeln besetzt ist. Neben der Douglasie wächst eine Hängebirke, die nach achtzig Jahren im Wuchs nicht mehr mithalten kann. Birken sind Schnellstarter, die in der Jugend ungeheuer rasch wachsen und sich dabei völlig verausgaben. Schon im Alter von dreißig Jahren beginnen sie nachzulassen und werden dann oft von anderen Arten im Längenwachstum überholt. Das ist für Bäume immer gefährlich, weil sie in den Schatten der Nachbarn geraten. Schatten bedeutet weniger Fotosynthese, was wiederum eine Hungerkur mit jahrelangem Siechtum und dem endgültigen Aus nach wenigen Jahrzehnten bedeutet.

Die Douglasie am Forsthaus hat also die benachbarte Birke überholt, was diese sich nicht so einfach gefallen lässt. Ihre Zweige hängen schlaff und lang herunter, doch bei Wind offenbart sich ihre wahre Natur. Sie schwingen hin und her und schlagen dabei gegen die Zweige der Douglasie. Ist die Vermutung einer gezielten Attacke nicht ein wenig weit hergeholt? Um die Frage zu beantworten, brauchen Sie sich nur die Rinde der Zweige genauer anzuschauen. Sie ist mit Korkwarzen besetzt, die wie Schmirgelpapier wirken. Steter Tropfen höhlt den Stein, und die ständig hin und her wippenden Peitschen schleifen die Zweige der Douglasie ab und entnadeln diese. Mit den Jahren ist so ein regelrechter Kronenschaden entstanden, der die Silhouette der Birke zeigt. David hat sich gegen Goliath behauptet, zumindest für einige Jahrzehnte. Dann wird der Birke endgültig die Puste ausgehen, sie stirbt an Altersschwäche, und die Douglasie kann in Würde alt werden.

Die Lärche – eine Baumart ohne Zukunft

Schon wieder eine Hiobsbotschaft? Wird es die Lärche in Zukunft nicht mehr geben? Ganz so schlimm kommt es nicht, doch der Reihe nach. Unsere heimische Lärche ist von Natur aus so selten anzutreffen wie die Fichte, da sie ebenfalls aus dem hohen Norden oder den Gebirgsregionen knapp unterhalb der Baumgrenze stammt. Lärchen sind merkwürdige Bäume. Während alle anderen benadelten Arten im Winter schön grün bleiben, verfärbt sich die Lärche im Herbst zusammen mit den Laubbäumen golden und wirft danach alles ab. Laien meinen daher häufig bei Winterspaziergängen, sie hätten abgestorbene Fichten vor sich. Ich weiß leider nicht, warum ausgerechnet die Lärche so etwas macht, aber es erleichtert die Unterscheidung erheblich.

Schon an der Fachhochschule mahnten die Professoren: »Lärche auf die Bärche (Berge)«, will meinen, dass diese Baumart die kühl-feuchten Hochlagen liebt. Doch wie andere Nadelbaumarten wurde auch dieser Baum gnadenlos in den Tieflagen gepflanzt, um bessere Renditen mit der Forstwirtschaft zu erzielen. Und weil die Europäische Lärche, so der korrekte Name, noch zu wenig Profit versprach, wurde die Japanische Lärche importiert. Sie wächst schneller und vermochte daher zu begeistern. Doch dummerweise kreuzt sich die japanische munter mit der europäischen Art; ihre Nachkommen sind dann Mischlinge. Dumm insofern, als dass reinrassige Europäische Lärchen immer seltener werden und möglicherweise irgendwann ganz aussterben. Was Sie vor sich haben, können Sie immer schwerer erkennen. Die heimische Art hat gelbliche Zweige und anliegende Zapfenschuppen, der Import hingegen rötliche Triebe und nach außen aufgebogene Zapfenschuppen, die, von oben gesehen, einer Rosenblüte ähneln. Mehr und mehr gibt es nun Mischformen, bis in einer nicht allzu fernen Zukunft alles zu einem Einheitsbrei geworden ist. Ein ähnliches Schicksal erlitten übrigens auch Wildäpfel und -birnen, die durch die gezüchteten Sorten verwässert und schließlich genetisch verdrängt wurden – Bienen bestäuben bei ihren Blütenbesuchen eben alle Apfelbäume und helfen damit bei der Kreuzung. Ob es überhaupt noch reinrassige Wildapfel- und Birnbäume gibt, ist wissenschaftlich umstritten.

Die Esche – Opfer der Globalisierung

Die Esche war schon unseren Vorfahren sehr wichtig. Als Yggdrasil – der Weltenbaum – spielte sie vor allem in der nordischen Mythologie eine Hauptrolle und überspannt dort mit ihrer Krone den ganzen Himmel. Sie ist gut zu bestimmen: Als einzige heimische Baumart hat sie schwarze, kantige Knospen; ihre bis zu vierzig Zentimeter langen gefiederten Blätter lassen sich höchstens mit der Vogelbeere verwechseln (die deswegen auch Eberesche heißt, aber ganz andere Knospen hat und lange nicht so groß wird).

Den Eschen geht es aktuell an den Kragen, und der Angreifer ist ein winziger Pilz mit harmlos klingendem Namen. Das Falsche Weiße Stengelbecherchen befällt die Zweige und lässt diese absterben. Die Rinde verfärbt sich beige, und die Esche kann nicht mehr genügend Nahrung mittels Fotosynthese produzieren. Langsam, über viele Jahre hinweg stirbt der Baum ab. Ganz sicher ist sich die Wissenschaft noch nicht, ob der Pilz eine mutierte Variante heimischer Arten ist oder importiert wurde. Wahrscheinlich stammt er jedoch aus dem asiatischen Raum, möglichweise aus Japan, und gelangte von dort mittels eingeführter Waren in Containern bis zu uns. Hier breitet er sich langsam immer weiter bis in den letzten Winkel des europäischen Kontinents aus und rafft bis zu neunzig Prozent der Bäume dahin. Doch noch besteht Hoffnung für die Esche als Art: Die verbleibenden gesunden Bäume scheinen resistent gegen den Pilz zu sein, und die Wissenschaftler sehen gute Chancen, dass sich diese gesunden Bäume vermehren und somit wieder gesunde Eschenwälder entstehen können.

Die Esche ist übrigens nicht das einzige Globalisierungsopfer unter den Bäumen. Die Ulmen erlitten das gleiche Schicksal gleich mehrfach. Zu Beginn des 20. Jahrhunderts wurde ein aggressiver Schlauchpilz mit Importen aus Asien eingeführt. Dieser Pilz wurde unfreiwillig von Borkenkäfern verbreitet, die die Sporen bei Einbohrversuchen in die Rinde von Stamm zu Stamm verschleppten. Das Pilzgeflecht verstopft die Leitungsbahnen im Stamm, der Baum stirbt daraufhin ab.

Von Europa sprang die Seuche nach Nordamerika, von dort in einer noch aggressiveren Variante wieder zurück zu uns. Das Resultat: Ulmen gibt es nur noch in abgelegenen Winkeln und nur noch in Einzelexemplaren, zu denen der Käfer mit seinem Pilzgepäck noch nicht vorgedrungen ist. Und im Gegensatz zur Esche ist die Überlebensrate in Befallsgebieten leider gleich null.

Ist es wirklich Liebe?

Stellen Sie sich folgendes Szenario vor: Sie wandern stundenlang durch dunkle Wälder, und langsam wird es Zeit für eine Mittagspause. Da taucht plötzlich eine kleine, grasbewachsene Lichtung auf, die in der warmen Sonne liegt. Ist das nicht ein besonders schöner Rastplatz? Das Entscheidende an dieser Lichtung ist, dass hier *keine* Bäume stehen. Mögen wir also in Wahrheit gar keinen Wald, sondern lediglich einzelne, imposante Bäume? Die Frage klingt ketzerisch, ist aber entscheidend für unseren Umgang mit der Natur. Entwicklungsgeschichtlich gesehen, stammt der Mensch aus der Steppe. Für trocken-heißes Klima ist er ideal ausgerüstet. Der aufrechte Gang bewirkt, dass nur eine kleine Fläche von der Sonne erwärmt wird, der haarlose Körper kann mit seinen Schweißdrüsen sehr effektiv kühlen. Mit diesen Eigenschaften konnten unsere Vorfahren jagen, indem sie ihre Beute so lange hetzten, bis diese überhitzt zusammenbrach. Hilfreich war dabei ein ausgezeichneter Sehsinn, der dabei half, die Tiere schon aus großer Entfernung zu orten. Hören und Riechen konnten da etwas vernachlässigt werden.

Im Wald sind die genannten Eigenschaften nicht immer nützlich. Wo kaum ein Sonnenstrahl durchdringt, ist ein Kühlsystem nicht so wichtig wie eine Wärmequelle. Waldtiere sind völlig anders ausgestattet. Sehen ist nicht so entscheidend, eine gute Nase und große Ohren dagegen schon. Was nützt es, mit Adleraugen umherzuspähen, wenn der Blick schon nach wenigen Metern an Baumstämmen hängen bleibt? Feinde kann man nur dann rechtzeitig wahrnehmen, wenn man sie auf viele Hundert Meter riecht und ihre Schritte auf knackenden Zweigen hört. Und weil größere Gruppen sich schnell im Unterholz verlieren, sind typische Waldbewohner Einzelgänger.

Unsere Vorfahren trafen bei Wäldern also auf Ökosysteme, die sich nur bedingt für ihre Sippen eigneten. Wie wir wissen, halfen sie sich mit Felldecken und Feuer gegen die Kälte, und die Sicht verbesserten sie mit groß angelegten Rodungen. Rodungen. Menschen leben also von Natur aus nicht gerne im Wald, und wenn Sie sich in der Kulturlandschaft umsehen, wird klar: Wir haben uns eine perfekte künstliche Steppe geschaffen. Weizen und Gerste (heute vielfach auch Mais) sind ja Grasarten, wenn auch besonders ertragreiche. Dazu Wiesen für Rinder (Steppentiere) und hier und da ein paar kleine Flecken mit Bäumen – so sah Mitteleuropa noch vor 200 Jahren aus. Seitdem ist viel aufgeforstet worden, doch der Grund lag eher im Mangel am Rohstoff Holz. Tiefe, dunkle Wälder waren indessen mit Schauergeschichten verbunden.

Das hat sich heute grundlegend geändert, oder nicht? Denken Sie an die eingangs beschriebene Lichtung, auf der sich fast jeder wohlfühlt. Das ist auch der Grund, warum Forstverwaltungen Sichtschneisen in größere Waldgebiete schlagen lassen. Meist werden sie an markanten Aussichtspunkten angelegt, dazu noch eine Bank aufgestellt – fertig ist ein Wohlfühlpunkt. Und diese Punkte sind sehr beliebt!

Anscheinend sind unsere alten Instinkte doch noch stärker aktiv, als wir das in unserer verstandesbetonten Zeit wahrhaben wollen. Die Liebe zum Wald rührt vielleicht von einem anderen Aspekt her: Er ist das letzte, halbwegs intakte Ökosystem, welches wir in unserer Heimat finden.

Wir sind nun schon eine ganze Weile zwischen den Bäumen unterwegs und haben die entscheidende Frage noch gar nicht gestellt: Was ist überhaupt Wald? Behörden haben darauf einfache Antworten parat, weil sie dazu nur in die entsprechenden Gesetze schauen müssen. So sagt etwa das deutsche Bundeswaldgesetz in § 2, dass dazu jede mit Forstpflanzen bestockte Grundfläche gehört. Selbst Holzlagerplätze, Wege und kleinere Wiesen sowie kahl geschlagene Parzellen sind Wald im Sinne des Gesetzes, sofern sie von ausreichend großen Baumgruppen umstanden sind. Schnell wird deutlich: Hier wird Wald rein ökonomisch definiert. Wer käme ansonsten auf die Idee, größere Flächen ohne jeglichen Baumbewuchs dazuzuzählen? Daher ist es logisch, dass auch Kahlschläge und Windwurfflächen, auf denen der Sturm alle Fichten umgeblasen hat, immer noch dazugehören. Voraussetzung ist nur, dass sie, wie gesetzlich vorgeschrieben, innerhalb von fünf Jahren wieder aufgeforstet werden. Vielleicht gibt es wenigstens einen gemeinsamen Nenner, und der könnte lauten: Jede größere Fläche, auf denen ein geschlossener Baumbewuchs ist, kann als Wald bezeichnet werden. Einverstanden?

Ob unsere heimischen Baumansammlungen aber wirklich darunterfallen, können am besten ausländische Besucher beurteilen. Unser eigener Blick ist vielleicht emotional ein wenig getrübt, weshalb Gäste die bessere Beurteilung abgeben können. Da wäre etwa der oberste Förster des Iran, Dr. Ali Ost Montazeri. Er besuchte 2009 Deutschland und war auch in meinem Revier zu Gast. Als wir auf den Wald zu sprechen kamen, meinte er trocken: »Wald? Was für Wald?« Für ihn war das, was er bei seiner Rundreise zu Gesicht bekommen hatte, eine Plantagenlandschaft. Oder nehmen wir den unbekannten Einheimischen in Gabun. Meine Mutter, sehr kontaktfreudig, unterhielt sich mit ihm in seiner tropischen Heimat über den deutschen Wald. Schnell brachte der Mann seine Enttäuschung zum Ausdruck, als er von seinem Europatrip berichtete. Den berühmten Schwarzwald habe er gesucht, sei durch das Mittelgebirge gewandert und habe ihn nicht gefunden. Lediglich Plantagen aus Nadelbäumen habe er gesehen und sei wieder abgereist, ohne sein Ziel gefunden zu haben.

»Nun aber mal langsam«, könnte man empört einwenden. Ist der deutsche Wald nicht ein Hort der Nachhaltigkeit, ein seit Jahrhunderten vorbildlich gepflegtes Ökosystem, welches wir sogar durch Entwicklungshelfer im Ausland zur Nachahmung empfehlen? So verbreiten es zumindest die offiziellen Stellen. Was ist überhaupt Nachhaltigkeit? Vor 300 Jahren, als der Begriff aufkam, verstand man darunter, dass man nicht mehr Holz einschlägt als nachwächst. Und das war damals nicht selbstverständlich, im Gegenteil. Die Wälder wurden geplündert, um Bauholz und Holzkohle zu erzeugen. Die Kohle wurde benötigt, um Erze zu verhütten und die aufkommende Industrie zu versorgen. Überall im Wald rauchten die Meiler, neben denen wilde Gesellen hausten. Sie schichteten die gefällten und klein gesägten Stämme zu großen Haufen, die dann mit Erde und Grassoden bedeckt wurden. Angezündet schwelte das Ganze tagelang vor sich hin, bis aus dem Holz klirrende schwarze Kohle wurde. Sie ließ sich viel leichter zu den Eisenhütten transportieren und erzeugte dort die benötigte Energie. Es ist ein bitterer Witz der Geschichte, dass unsere heutige Waldfläche, die sich in den letzten 200 Jahren wieder erheblich vergrößert hat, auf die Steinkohle zurückzuführen ist. Mit der Entdeckung und starken Förderung dieses fossilen Rohstoffs war die aufwendig zu erzeugende Holzkohle aus dem Rennen, und der Baumbestand konnte sich wieder erholen.

Zurück zur Nachhaltigkeit: Im Jahre 1713 beschrieb der sächsische Berghauptmann Hans Carl von Carlowitz das erste Mal diesen Begriff und meinte damit die bloße Menge, die in der Nutzung nie das nachwachsende Potenzial überschreiten sollte. Damals ging es nicht um Ökologie, nein, die Rohstoffversorgung sollte gesichert werden. Letztlich macht das jeder Bauer, der Mais anbaut: Auch er erntet jedes Jahr in etwa die gleiche Menge.

Angesichts unserer aktuellen Probleme musste Nachhaltigkeit anders definiert werden, und das wurde 1992 auf einer Umweltkonferenz der UNO in Rio de Janeiro angegangen. Seither zählen nicht nur die Menge, sondern die Qualität des Ökosystems und seine Funktionsfähigkeit, die möglichst vollständig an unsere Nachkommen weitergegeben werden sollen. Ob das gelingt, ist fraglich, denn die Forstwirtschaft im deutschsprachigen Raum ist immer noch sehr auf das Prinzip des Herrn von Carlowitz fixiert. Wo das wie stark der Fall ist, kann man dank des freien Betretungsrechts jederzeit überprüfen.

Ob Sie in Plantagen oder halbwegs natürlichen Wäldern unterwegs sind, können Sie anhand einiger Merkmale selbst recht einfach erkennen. Da wäre das Einfachste an erster Stelle zu nennen: die Reihen. Natur kann niemals Bäume in geraden Linien hervorbringen, nein, das waren preußisch-ordentliche Förster. Obwohl es prinzipiell völlig egal ist, wie man die Setzlinge pflanzt, muss in einem deutschen Wald alles sehr akkurat sein. So lernte ich schon als Dienstanfänger, dass auf einer baumfreien Fläche zunächst Fluchtstäbe aufgestellt werden. Das sind die weiß-roten, zwei Meter hohen Stäbe, die in einer Linie in den Boden gerammt werden. Nun kann man beim Pflanzen über die

Stäbe peilen (oder »fluchten«) und somit die Bäumchen schnurgerade hintereinandersetzen. Und da diese sich nicht vom Fleck bewegen können, sieht man die Reihen auch noch nach Jahrzehnten, es sei denn, der Wald ist durch Holzernte schon stark ausgedünnt worden.

Das zweite Merkmal sind die Baumarten. Wenn Sie sich nicht gerade in den Hochlagen der Gebirge in der Nähe der Baumgrenze bewegen, sind reine Nadelwälder in unseren Breiten immer künstlichen Ursprungs. Über die Ursachen haben wir schon gesprochen, die Probleme schon angerissen. Käfer überfallen die fern der kühlen nordischen Heimat unter Durst leidenden Koniferen, Stürme werfen die immergrünen Gewächse leicht um. Dadurch zählen große Kahlflächen, die nach dem Abräumen der gestürzten Riesen übrig bleiben, zum typischen Erscheinungsbild der Plantagenwirtschaft. Kahlschläge werden aber auch gezielt angelegt, um große Parzellen rationell zu ernten. Leider auch in den letzten alten Buchenwäldern, die dann oft durch nordamerikanische Douglasien ersetzt werden.

Doch auch dort, wo nur Laubbäume stehen, ist nicht unbedingt die Natur zu Hause. Wie Teak- oder Mahagoniplantagen noch keinen Regenwald ersetzen, sind Buchen- oder Eichenplantagen genauso wenig ein vollwertiger Ersatz für die verlorenen Urwälder bei uns. Besser sieht es da schon aus, wenn unter alten Bäumen alle Altersstadien des Nachwuchses vorhanden sind. Der stammt aus den Samen der Elternbäume, und selbst wenn ab und an ein altes Exemplar gefällt wird, so gleicht diese »Plenterwald« genannte Betriebsform doch schon sehr der Natur. Lediglich ganz alte Bäume und tote Stämme findet man hier kaum, sodass Plenterwälder, durchsetzt mit Schutzgebieten, einen guten Kompromiss darstellen. Leider ist solch ein harmonisches Miteinander von wirtschaftendem Menschen und intaktem Wald nur auf weniger als fünf Prozent der Fläche zu finden, weil der Schutz der Wälder trotz anderslautender gesetzlicher Bestimmungen bis heute nicht ernst genommen wird.

Apropos Waldschutz: Zu diesem Thema kann ich Ihnen leider einen ganz hässlichen Exkurs nicht ersparen: Hässlich ist dabei nicht der Wald, sondern das, was wirtschaftende Menschen dort anrichten. Seit vielen Jahrzehnten packen sie nämlich immer wieder die Giftspritze aus, um die eine oder andere Gruppe von Lebewesen zu beseitigen. Einer der ersten Höhepunkte dieses Dramas war das Versprühen eines Abkömmlings von »Agent Orange«, dem bekannten Entlaubungsmittel. Es wurde im Vietnamkrieg von den Amerikanern eingesetzt, um ganze Urwälder abzutöten, damit man unter den kahlen Kronen feindliche Soldaten entdecken konnte. Parallel zu den Sprühaktionen in Asien flogen auch hier in Mitteleuropa die Hubschrauber, die die mittlerweile in Verruf geratenen Laubwälder vernichten sollten. Buchen und Eichen wurden in jener Zeit kaum noch geschätzt; aufgrund des niedrigen Ölpreises wollten die wenigsten schweißtreibend Brennholz einsetzen. Die Fichte, ohnehin durch die hohen Wildbestände begünstigt und von der Bauholzindustrie gefragt, sollte es richten. Den benötigten Platz schuf man allein in Eifel und Hunsrück auf über 5000 Quadratkilometern, indem man den Laubwäldern gnadenlos den Tod aus der Luft brachte. Trägersubstanz für das unter dem Handelsnamen »Tormona« vertriebenen Mittel war Dieselöl. Bestandteile dieser Mischung schlummern womöglich noch heute in unseren Waldböden, die rostigen Dieselfässer liegen jedenfalls mancherorts immer noch herum.

Ist mittlerweile alles besser geworden? Nicht ganz, denn auch heute wird noch gespritzt, doch es sind keine Mittel gegen Bäume. Ziel der Hubschrauber und Lkws mit Zerstäubungseinrichtungen sind Insekten, die Bäume und

Holz anknabbern. Weil vor allem in den tristen Fichten- und Kiefernmonokulturen Borkenkäfer und Schmetterlingsraupen ungeniert zuschlagen, werden sie mit Kontaktinsektiziden getötet. Die Mittel, unter Namen wie »Karate« (nomen est omen) vertrieben, sind drei Monate lang so giftig, dass schon die bloße Berührung für Insekten das Aus bedeutet.

Besprühte Waldgebiete werden in der Regel gekennzeichnet und eine Zeit lang gesperrt, doch begiftete Holzstapel am Wegesrand sind oft nicht als gefährlich zu erkennen. Ich würde daher von der Benutzung solcher Stämme als Bankersatz abraten und lieber einen bemoosten Baumstumpf nehmen – der ist garantiert harmlos. Ganz abgesehen davon, dass frisch geerntetes Nadelholz oft sehr stark harzt. Die Flecken gehen in der Waschmaschine nicht heraus, da müssen es schon Spezialmittel à la »Fleckenteufel« sein. Gestapeltes Holz birgt noch eine andere Gefahr: Es kann auseinanderfallen. Und wer weiß, dass ein einzelner Stamm Hunderte Kilogramm wiegen kann, der bleibt diesen Haufen lieber fern. Ob der Fachname für diese Stapel, »Polter«, vom Geräusch herunterfallenden Holzes kommt?

Zurück zum Gift. In vom Hubschrauber beflogenen Arealen würde ich für den Rest des Sommers keine Beeren pflücken oder Pilze sammeln. Ansonsten ist der Wald aber im Vergleich zur industriellen Landwirtschaft schadstoffarm. Doch ist er tatsächlich noch ein naturnahes Ökosystem? Das sollte eigentlich so sein, schließlich gilt die deutsche Forstwirtschaft als vorbildlich, wird die Kombination aus Nutzung, Schutz und Erholung per Entwicklungshilfe in alle Welt exportiert. Glaubt man den Verlautbarungen der staatlichen Forstverwaltungen, so wächst, blüht und gedeiht der Wald. Alles harmoniert in schönster Weise miteinander, Mensch und Natur sind zwischen den Bäumen ausgesöhnt.

Wirklich? Ich bin da mittlerweile sehr vorsichtig geworden, was solch positive Meldungen anbelangt. Nicht nur, weil ich draußen vielfach etwas ganz anderes beobachte, sondern auch wegen eines gewaltigen Interessenkonflikts, auf den mittlerweile sogar das Bundeskartellamt aufmerksam geworden ist. Etliche staatliche Forstverwaltungen nehmen nämlich nicht nur ihre hoheitlichen Aufgaben wahr, also etwa die Überwachung der privaten Forstwirtschaft auf Einhaltung der Gesetze. Nein, häufig sind sie die marktdominierenden Mitspieler, die das meiste Holz verkaufen und auch das größte Dienstleistungsangebot haben. Und da der Steuerzahler oft mit angezapft wird, können die Preise privater Förster locker unterboten werden, mit der Folge, dass es vielerorts kaum noch Konkurrenz gibt. Das ist in etwa so, als wären die Finanzämter die größten Anbieter von Anlageprodukten. Wer soll hier bitte schön die Kontrollfunktion übernehmen? Und ein weiteres Problem taucht auf: Wie sollen Sie als Laie amtliche Mitteilungen von PR unterscheiden? Und PR wird ganz gewaltig gemacht, was sich sogar in einer speziellen Sprache niederschlägt, von der Sie vielleicht die ein oder andere Kostprobe selbst schon einmal gehört haben.

Kleines Wörterbuch Deutsch–Forstwirtschaft

Jeder Beruf hat seine Fachsprache. Diese ist nicht unbedingt nötig, weil sich vieles auch mit allgemein verständlichen Begriffen ausdrücken lässt. Immerhin ist es eine schöne alte Tradition, die so lange gepflegt werden sollte, wie nicht Sachverhalte verschleiert werden. Ich weiß noch, als ich meine ersten Tage im Forstdienst verbrachte und dort ein Beispiel für die harmlose Variante erlebte. Da forderte mich mein Ausbildungsförster auf, eine Kluppe zu holen. Kluppe? Das hörte sich lustig an, und ich konnte mir ein Grinsen nicht verkneifen. »Was ist das?«, fragte ich mit der Unschuld eines Neulings. Der Förster verdrehte die Augen und ging selbst zum Auto. Dort zog er aus dem Kofferraum eine große Schieblehre, einen Messschieber, und drückte sie mir in die Hand. »Damit kannst du den Durchmesser der eingeschlagenen Stämme hier am Wegesrand kontrollieren«, brummte er.

Gegen Traditionen bei Fachwörtern habe ich nichts, im Gegenteil. Sie zeigen, dass das jeweilige Handwerk auf eine lange Geschichte zurückblicken kann, was gerade im Wald wichtig ist: Schließlich wurden die Bäume, die wir heute ernten können, schon vor Generationen für uns gepflanzt. Ein bisschen schlitzohrig ist es jedoch, wenn die Begriffe in der weniger harmlosen Variante zur Beeinflussung der Öffentlichkeit eingesetzt werden. Ein Beispiel: Was würden Sie sich unter »Waldpflege« vorstellen? Wenn Förster ihren Wald pflegen, sollte es diesem hinterher besser gehen. Er ist gesund und fit, kann sich gegen Schädlinge wehren und die Herausforderungen des Klimawandels bestehen – so die landläufige Meinung. Doch was würden Sie sagen, wenn sich ein Metzger analog als »Tierpfleger« bezeichnete? Klingt bizarr? Und doch würde er damit genauso kommunizieren wie Förster. Waldpflege bedeutet nämlich nicht viel mehr als das Fällen von Bäumen. Das fängt schon bei den ganz jungen an. »Jungbestandspflege« nennt sich der Vorgang dann auch logischerweise, bei dem dichte Aufforstungen mit der Motorsäge ausgedünnt werden. Die verbleibenden Exemplare sollen mehr Platz bekommen, damit sie schneller wachsen. Bei den späteren Durchforstungen ist es genauso. Es wird Platz gemacht für die schönsten Stämme, indem man deren Nachbarn fällt.

Ein eher altmodischer, aber immer noch gebräuchlicher Begriff für die Jungbestandspflege heißt »Läuterung«. Der Bestand wird geläutert – das erinnert mich ein wenig ans Mittelalter und die Läuterung durchs Feuer. Klingt Ihnen dieser Vergleich zu hart? Dann sollten wir umgekehrt fragen: Tut diese »Pflege« dem Wald gut? Sicher nicht, und das können Sie sich selbst herleiten. Wer wollte schon, dass der Amazonas-Regenwald so betreut würde. Macht es ihn wirklich gesünder, wenn dort Bäume gefällt und ordentlich Platz geschaffen wird? Natürlich nicht, und so ist es auch bei uns. Wenn Bäume umgesägt werden, schwächt dies immer und ohne Ausnahme den Restbestand. Das geht schon mit dem Wind los: Dort, wo man sich bei Sturm an einem Nachbarn abstützen konnte, klafft nun eine Lücke.

Bis sich Stamm, Krone und Wurzelsystem auf die neue Gefahr eingestellt haben, vergehen mindestens drei Jahre. Zudem verlieren die Bäume ihr soziales Netzwerk. Das kann man in alten Laubwäldern besonders deutlich sehen, denn dort sind die durch Holzeinschlag zu Einzelgängern gewordenen Bäume sichtlich krank. Die höchsten Triebe in den Kronen sterben ab, sodass Buchen und Eichen wie gerupft aussehen. Gesünder wird ein Wald durch Fällungen also nicht, und Pflege kann man das auch nicht nennen.

Wie wäre es, wenn wir die Begriffe aus der Tiernutzung übernähmen und von »Baumschlachtungen« sprächen? Das hört sich zu brutal an? Ich würde so etwas begrüßen, denn es würde klarmachen, dass hier fühlende Wesen vom Leben zum Tod befördert werden. Dagegen ist prinzipiell nichts einzuwenden, doch vielleicht würde man sich die Nutzung von Holz dann zweimal überlegen. In mir keimt der Gedanke, dass auch viele Förster sich unwohl fühlen bei dem, was sie dort draußen täglich tun. Doch wenn man das Ganze in eine Kuschelsprache verpackt, bei der kein schlechtes Gewissen und auch wenig Kritik von außen aufkommt, lässt es sich besser schlafen.

Das eben angesprochene Kronensterben führt zum nächsten Begriff: dem »Waldsterben«. Wenn Sie nun meinen, das sei doch hinlänglich bekannt und es bestehe keine Notwendigkeit der Übersetzung, antworte ich mit einem klaren »Jein«. Das Waldsterben, wie es in den frühen 1980er-Jahren durch die Presse ging, ist in seiner Bedeutung tatsächlich kein Geheimnis. Die schweren Schäden an Nadeln und Blättern, ganze Höhenzüge mit absterbenden Bäumen: All das wurde durch säurehaltige Abgase aus Industrie, Haushalten und dem Verkehr ausgelöst.

Was folgte, ist eine echte Erfolgsstory der Umweltpolitik. Entschwefelungsanlagen und Katalysatoren bewirkten eine Trendwende und ließen die Schadstoffeinträge massiv zurückgehen, sodass das Waldsterben in seiner bedrohlichen Form verschwunden scheint. Es gibt immer noch Probleme mit Abgasen, und heute liegt der Fokus stärker auf den Stickoxyden aus Landwirtschaft und Verkehr. Es sind nicht nur die sich bildenden Säuren, sondern der Düngeeffekt, der Bäume um ein Drittel schneller wachsen lässt als früher. Die Ertragstafeln, mit denen Förster den jährlichen Holzzuwachs berechnen können, sind kaum noch nützlich und müssen laufend nach oben korrigiert werden. Das ist kein Grund zum Jubeln. Mehr Holz sollte auch mehr Geld in der Kasse bedeuten, und zunächst ist das tatsächlich so. Doch das schnelle Wachstum lässt die Bäume quasi atemlos werden, sie verausgaben sich und werden damit anfälliger für Krankheiten und Trockenheit. Wir sollten nicht nachlassen in den Bemühungen um eine sauberere Luft.

Doch zurück zu meinem »Jein«. Denn der aktuelle Begriff des Waldsterbens ist in der Form, wie das Phänomen der Öffentlichkeit präsentiert wird, eine Verschleierung der Tatsachen. Wissenschaftler sind sich einig, dass der Wald insgesamt in einem guten Zustand ist. Er stirbt nicht flächig ab, die Holzerträge sind erfreulich, und trotz der Düngung durch Stickoxyde ist das Ökosystem nicht in Gefahr. Dem widerspricht der jährliche Waldzustandsbericht des Bundesministeriums für Ernährung und Landwirtschaft. Darin wird der Kronenzustand aller Waldbaumarten beschrieben, der nach wie vor besorgniserregend ist. Weniger als die Hälfte der Bäume wird als gesund eingestuft, die Mehrheit dagegen als mehr oder weniger stark geschädigt. Eine Trendwende ist nicht zu erkennen. Der Wald ist prinzipiell gesund, und doch ist die Mehrheit der Bäume krank? Wie passt das zusammen? Es ist die Forstwirtschaft selbst, die den Gesundheitszustand der Bäume immer wieder beeinträchtigt. Der schon zuvor angesprochene Verlust der Sozialstrukturen der Bäume ist nur ein Punkt. Hinzu kommt das sich verändernde Binnenklima des Waldes, welches durch die vermehrte Sonneneinstrahlung trockener und wärmer wird. Besonders gravierend sind im Wortsinne die Schäden durch die Erntemaschinen. Die Bodenverdichtungen, die Wurzelquetschungen und in ihrem Schlepptau Pilzerkrankungen machen den Bäumen das Leben schwer. Und das sieht man ihnen in den Kronen an, die bei den jährlichen Erhebungen völlig zu Recht überwiegend als geschädigt eingestuft werden. Doch die Kontrollbehörden gehören zu demselben Behördenapparat, der gleichzeitig der größte Bewirtschafter ist – kein Wunder, dass man mit dem Finger lieber auf andere Umweltsünder zeigt.

Die Holzhackerbuam

Früher war das Leben zwar hart, aber doch etwas gemächlicher. Der Förster thronte in seinem Forsthaus, und jeden Sonntag zog die Schar der Waldarbeiter herbei, um ihren kargen Lohn ausgezahlt zu bekommen. In der kalten Jahreszeit wurden Fichten, Kiefern und Buchen gefällt, und zwar per Hand. An Hilfsmitteln gab es lediglich Äxte und Zweimannsägen, mit denen die teils gefrorenen Stämme mühevoll bearbeitet wurden, bis die Bäume fielen. Dann kam das Schäleisen dran: In kräftezehrenden Schüben wurde damit die Rinde abgeschabt, damit das blanke Holz anschließend von Pferden an den nächsten Weg gezogen werden konnte. Und weil alles so langsam ging, war ein Großteil der männlichen Bevölkerung mit von der Partie. Eigentlich waren es Kleinbauern, die sich im Winter, wenn die Feldarbeit ruhte, ein Zubrot verdienten.

In den 1950er-Jahren kamen die Motorsägen ins Spiel. Es war ein solches Spektakel, dass der alte Lehrer meines Heimatdorfes Hümmel mit den Schulkindern in den Wald wanderte, um das Wunderding zu bestaunen. Die damaligen Modelle mussten noch von zwei Personen bedient werden, aber nun ging die Arbeit wesentlich flotter vonstatten. Der nächste große Umbruch kam mit den Winterstürmen 1990. Damals wurden so viele Bäume umgeworfen, dass die Aufarbeitung schier unmöglich war. Doch schon in den 1980er-Jahren hatten in Skandinavien Harvester ihren Siegeszug angetreten. Sie können einen Baum packen, absägen und, auf gewünschte Längen zerteilt, in hübschen Stapeln ablegen. Zwölf Waldarbeiter (und zwar modern ausgerüstet mit Motorsäge) ersetzt solch ein Ungetüm.

Mit den Stürmen des Jahres 1990, bei denen Millionen von Fichten zu Boden stürzten, wurden zahlreiche Exemplare angeschafft, um das riesige Arbeitsvolumen zu bewältigen. Anschließend standen sie herum und wären eigentlich arbeitslos geworden, doch da sie billiger als menschliche Arbeitskräfte waren, mussten Letztere gehen. Seither beherrschen sie in immer noch zunehmendem Ausmaß den Holzeinschlag, und parallel dazu sinkt die Zahl der Waldarbeiter bis heute kontinuierlich. Und mit ihr leider auch die Holzhauerromantik. Gewiss, es ist schon faszinierend anzusehen, wie ein Harvester in Windeseile ganze Parzellen durchforstet, wie federleicht tonnenschwere Stämme in seiner Greifzange wirken. Doch kein Rauch eines Pausenfeuers durchzieht mehr den Wald, es ertönen keine »Achtung!«-Rufe bei fallenden Bäumen. Stattdessen wird das monotone Brummen des Harvestermotors nur durch ein kurzes Aufkreischen der eingebauten Säge unterbrochen. Und hinter der Maschine bleiben zermatschte Wege zurück.

Doch das ist nur der optische Schaden. Durch das Fahrzeuggewicht wird der empfindliche Boden bis in zwei Meter Tiefe zerdrückt. Die Poren fallen zusammen, die Luftkanälchen reißen ab. In der Folge ersticken die Kleinstlebewesen jämmerlich. Zudem kann solche Erde kaum noch Wasser speichern, was für die Bäume in den folgenden heißen Sommern fatal ist. Denn nun können Schwächeparasiten wie die gefürchteten Borkenkäfer Fichten und Kiefern überfallen, die sich normalerweise durch Harztröpfchen wehren. Sobald sich ein kleines Insekt einbohrt, wird es für gewöhnlich in einem klebrigen Tröpfchen ertränkt. Doch bei trockenem Boden verdurstet der Baum und hat quasi keine Spucke mehr. Der Käfer kann unbehelligt losfressen und gleichzeitig per Duftsignal seine Kumpel herbeirufen. Gemeinsam besiegeln sie innerhalb weniger Tage das Schicksal des Baums. Solche Spätfolgen des Maschineneinsatzes werden leider noch viel zu wenig beachtet. Wann sich solche Bodenschäden regenerieren? Nach Aussagen von Geologen möglicherweise erst nach der nächsten Eiszeit, wenn Frost und vorschiebende Gletscher den Untergrund gründlich auflockern.

Es gibt abseits der industriellen Plantagenlandschaft aber immer noch Waldarbeitsromantik. Diese findet kaum noch im kommerziellen Holzeinschlag, umso mehr jedoch im privaten Bereich statt. Immerhin ist fast die Hälfte des Waldes in Deutschland in der Hand privater Besitzer. Sie haben die Parzellen entweder geerbt oder zur Brennholzgewinnung gekauft. Und weil für das Heizen eines modernen Einfamilienhauses schon ein halber Hektar (5000 Quadratmeter) reicht, wundert es nicht, dass es mittlerweile circa zwei Millionen stolze Waldbauern gibt. Sie ziehen am Wochenende mit der ganzen Familie hinaus aufs Land und schwitzen bei harter Arbeit und einer guten Brotzeit. Dieser erst wenige Jahre alte Boom zeichnete sich sogar im Fernsehen ab. Zu meinem Erstaunen wurden plötzlich Werbespots für Motorsägen geschaltet, die bisher als Spezialgeräte für eine berufliche Kleinstnische gegolten hatten. Hunderttausende Hobbyforstwirte meldeten sich bei den staatlichen Forstämtern für Kurse an, um einen Motorsägenführerschein zu erwerben. Der ist zwar für den Hausgebrauch nicht vorgeschrieben, aber wer keinen eigenen Wald besitzt, kann oft in öffentlichen Forsten sogenannte »Brennholzlose« erwerben. Dabei handelt es sich um markierte Parzellen mit frisch durchforsteten Bäumen, die nur umgesägt wurden. Das Entasten und Kleinsägen sowie der Transport der Holzscheite per Muskelkraft und Schubkarre zum nächsten Waldweg ist dann Sache der Käufer der Lose. Brennholz macht zweimal warm – beim Aufarbeiten und später beim Verheizen.

Ob sich das wirtschaftlich lohnt, ist fraglich. Denn die Ausrüstung, die sich meist begeisterte Männer zulegen (der Frauenanteil ist verschwindend gering), ist oft völlig überdimensioniert. Die Motorsäge: meist zu stark und zu schwer. Anstatt das kleine Hobbymodell zu nehmen, welches leicht in der Hand liegt und für das dünne Holz völlig ausreicht, müssen es PS-starke Profimaschinen sein. Wer mit so einem Trumm den ganzen Tag arbeitet, dem schmerzen abends sämtliche Knochen. Egal, es wird noch eins draufgesetzt. In den Wald mit Pkw und Anhänger? Das ist vielen nicht rustikal genug, also muss ein eigener Traktor her. Dazu eine eingebaute Seilwinde und ein gewaltiger Holzspalter, um aus den Holzklötzen stapelbare Scheite zu reißen. Allein der Wert der Ausrüstung kostet mehr als das fix und fertig gelieferte Brennholz für viele Jahre.

Und dennoch kann ich jeden, der das so macht, gut verstehen. Es ist die Arbeit, das selbst gewonnene Heizmaterial, welches jedes abendliche Kaminfeuer noch uriger macht. Wenn man jedes Stück Holz vor dem Verfeuern mehrfach in den Händen gehabt hat, klingt das Waldabenteuer im flackernden Feuer noch lange nach. Und Holz ist billig! Selbst bei zwischenzeitlich niedrigen Ölpreisen liegt der Naturbrennstoff deutlich darunter. So kostet ein Raummeter Buche inklusive Lieferung in ländlichen Gebieten weniger als fünfzig Euro. Der Brennwert entspricht dem von 200 Liter Öl, womit der äquivalente Preis bei 25 Cent je Liter liegt. Selbst bestes Sägeholz, für das Verheizen viel zu schade, kostet nicht viel mehr. Der Holzboom zeigt sich also nicht in einem Preisanstieg, sondern nur in einer Erhöhung der Importe. Und da diese häufig aus Raubbau, mindestens aber nicht nachhaltiger Wirtschaft stammen, sind sie konkurrenzlos billig. Daran kann man als heimischer Käufer in hiesigen Wäldern wenig ändern, doch immerhin können Sie den Waldbesitzer fragen, ob er wenigstens nach dem FSC-Standard zertifiziert ist. Das ist eine Art Ökosiegel, bei dem die Anforderungen etwas über den gesetzlichen Bestimmungen liegen.

Eine andere Variante ist es, sich das Holz in Form ganzer Stämme nach Hause liefern zu lassen. Allerdings bringen die Händler immer komplette Lkw-Ladungen, rund vierzig Raummeter. Kleingesägt und aufgestapelt, ergibt das eine Holzmauer von einem Meter Breite, zwei Meter Höhe und zwanzig Meter Länge. Ist Ihnen das zu viel für Ihren Garten? Für die Beheizung eines modernen Einfamilienhauses ausschließlich mit Holz benötigt man pro Jahr zehn Raummeter. Da das Holz vor dem Verfeuern mindestens zwei, besser drei Jahre heruntertrocknen muss, schwillt der ständige Mindestvorrat schon auf dreißig Raummeter an. So gesehen ist eine Lkw-Ladung genau das Richtige. Traktor und Hänger sind dann überflüssig, doch die Motorsäge kann immer noch zum Einsatz kommen. Im heimischen Garten ist ein entsprechender Führerschein überflüssig, doch ich würde ihn trotzdem empfehlen. Die Sägen sind extrem gefährlich, da die scharfen Zähne in Sekundenbruchteilen zu schlimmen Verletzungen führen können. Herunterfallende oder aufplatzende Stämme tun ihr Übriges, und so ist selbst unter Profis die Unfallrate so hoch, dass jeder Dritte pro Jahr einen meldepflichtigen Unfall erleidet.

Trotz aller Warnungen muss man sagen: Es macht wahnsinnig viel Spaß, sein Brennholz selbst zu machen. Es ist ja nicht nur das Sägen. Sind die Stämme auf Meterlänge eingeschnitten, müssen die runden Teile noch gespalten werden, um besser zu trocknen. Dabei gilt es kleine Kunstgriffe zu beachten, weil Holz, in Wuchsrichtung aufgestellt, besser reißt, als wenn das Stück quasi auf dem Kopf steht. Die alte Waldarbeiterweisheit dazu lautet: »Das Holz reißt, wie der Vogel scheißt« – von oben nach unten. Mit der Zeit lernen Sie, kleine Risse zu beachten, in die der Spalthammer eingeschlagen wird, wodurch sich das Holz mit wenig Kraftaufwand zerteilen lässt. Für mich ist diese Arbeit der beste Ersatz für ein Fitnessstudio.

Doch es geht natürlich auch bequemer. Vorgetrocknetes Holz wird von Händlern und Baumärkten schon ofenfertig klein geschnitten und in überschaubaren Mengen von einem Raummeter angeboten. Geliefert wird in Gitterboxen oder Holzkisten, aus denen der Korb für den Ofen gefüllt werden kann. Das kostet natürlich ordentlich extra, und vor allem: Es gibt verdeckte Preiserhöhungen. Denn nun stellt sich die entscheidende Frage: Was ist eigentlich ein Raummeter? Während jede Heizölpumpe geeicht werden muss, ist bei Holzmessungen noch immer viel Luft im Spiel, und das im Wortsinne. Ein Kubikmeter (in der Fachsprache ein »Festmeter«) ist ein Würfel mit der Kantenlänge von einem Meter und besteht aus purem Holz. In diese Maßeinheit wird jeder gefällte und verkaufsfertig an den Weg gelegte Stamm umgerechnet, damit der Käufer weiß, wie viel Rohstoff er erwirbt. Das klingt selbstverständlich, doch spätestens beim Raummeter wird klar, warum ich das noch einmal betonen muss. Denn nun gelangen wir in das Reich der Spekulation. Raummeter ist ebenfalls ein Kubikmeter, doch in diesem Fall von gestapeltem Holz. Es ist in der Regel dünner, oft sogar gespalten und meist noch in ein bis zwei Meter lange Teilstücke zersägt. Damit wäre eine Messung von jedem Stück viel zu aufwendig. Daher wird kurzerhand der ganze Stapel vermessen. Doch da zwischen den Scheiten auch Lücken sind, enthält ein Raummeter viel Luft. Wie groß die Lücken sind, hängt davon ab, ob die Scheite krumm oder gerade sind und ob nicht sauber abgesägte Aststummel verhindern, dass die Stücke flach aufeinanderliegen. Im Durchschnitt enthält ein Raummeter dreißig Prozent Luft, also nur siebzig Prozent Holz. Wenn Sie Festmeter- und Raummeterpreise vergleichen, müssen Sie also entsprechend umrechnen.

Seit einigen Jahren ist noch eine neue Größe hinzugekommen: der Schüttraummeter. Während normalerweise Holz zur Messung sauber gestapelt wird, kommt Brennholz immer öfter ofenfertig, auf dreißig Zentimeter Länge zerkleinert und lose in Gitterboxen eingeschüttet, daher. Dabei entstehen noch mehr Lücken, sodass ein Schüttraummeter schon mindestens fünfzig Prozent Luft enthält. Und die Verbraucher? Die verlieren nach meiner Beobachtung den Überblick. Natürlich ist es angenehm, das Holz heizfertig geliefert zu bekommen. Den gewaltigen Preisvorteil gegenüber Heizöl und Gas hat es aber bei dieser »Veredelung« leider verloren. Dazu ein Beispiel: Ein Festmeter Buche kostet im Wald fertig zum Abtransport am Weg 55 Euro. Wird dieser Stamm zu Meterscheiten zerlegt und am gleichen Weg gestapelt, kostet er schon achtzig Euro (immer auf den ursprünglichen Festmeter bezogen). Ofenfertig zersägt und in eine Box geschüttet, sind daraus schon über hundert Euro geworden. Dazu kommt noch die Anlieferung mit etwa zehn Euro pro Schüttraummeter, und fertig ist die Inflation. Natürlich steckt dort viel mehr Arbeit dahinter als bei dem Stamm im Wald, an den Sie ja noch selbst Hand anlegen müssen. Doch zurück zur Lkw-

Ladung von vorhin: Warum sollten Sie sich nicht mit Nachbarn zusammentun und gemeinsam eine solche Lieferung aufteilen und verarbeiten? Das macht Spaß und lohnt sich auch finanziell sehr, wie Sie gesehen haben.

Natürlich geht es auch billiger. Ich habe schon Angebote pro Schüttraummeter gesehen, die unter sechzig Euro liegen. Solche Niedrigpreise haben häufig ihre Ursache in Importen aus zweifelhaften Quellen. Wer weiß, welcher Raubbau aktuell in rumänischen oder russischen Wäldern getrieben wird und welche Billiglöhne hinter der Aufbereitung stecken, der lässt lieber die Finger davon. Ein behagliches Kaminfeuer aus zerstückelten Urwäldern? Da schwindet ganz schnell die Romantik.

Ein Schwund ganz anderer Art setzt ein, wenn Sie das Holz säckchenweise im Baumarkt kaufen. In Kleinstmengen kostet der Brennstoff ein Vielfaches, zudem ist entgegen der Beteuerungen auf dem Etikett das Holz oft nicht weit genug heruntergetrocknet. Dann sind die Scheite noch so feucht, dass sie bereits auf der Verkaufspalette schimmeln. Zu viel Wasser ist auch die Hauptursache für qualmende Schornsteine, deren Rauchschwaden nicht nur die Nachbarschaft belästigen, sondern sogar einen Gesetzesverstoß anzeigen. Holz darf vor dem Verbrennen nicht mehr als 25 Prozent Feuchtigkeit enthalten, bewirkt aber selbst in diesem Fall noch dreimal mehr schädliche Emissionen, als wenn es auf unter fünfzehn Prozent getrocknet wird. Das geht entweder technisch durch Trockenkammern (welche wieder Energie verbrauchen) oder aber einfach durch luftige Lagerung über zwei Jahre – hier lässt das Platzproblem grüßen.

Ich jedenfalls liebe das Selbermachen, säge mir die angelieferten Stämme klein, spalte sie, trockne sie zwei Jahre und säge sie anschließend auf 25 Zentimeter lange Stücke. Dann stapele ich einen Vorrat für sechs Wochen in einem

Brennholzunterstand, sodass ich auch bei Terminengpässen immer genügend Holz in die Körbe füllen kann, die dann neben dem Kamin stehen. Bis das Holz in Flammen aufgeht, halte ich jeden Scheit in der Summe fünf Mal in den Händen. Da entwickelt man schon so etwas wie eine persönliche Beziehung. Schwierige, astige Teile, die mich beim Spalten regelrecht geärgert haben, erkenne ich genauso wieder wie butterweiche Kameraden, die sich mit einem sanften Schlag zerteilen ließen. Wer hat bei einer Gasheizung schon solche Gefühle?

Naturschutz – eine Liebe mit Folgen

Neulich wanderte ich mit meiner Frau und Freunden durch den Harz. Nach einer kilometerlangen Passage durch den Wald kamen wir an eine Lichtung, die sich als größere Wiese herausstellte. Noch bevor ich mich richtig umsehen konnte, fiel mir ein dreieckiges, grün umrandetes Schild auf. »Naturschutzgebiet« war darauf zu lesen, darunter auf einer Tafel der Grund der Unter-Schutz-Stellung. Seltene Bergblumen seien hier zu finden, in ihrem Schlepptau eine große Anzahl gefährdeter Tierarten. Sie würden hier mit EU-Hilfe gerettet, und wie das geht, war deutlich zu sehen. Viele frische Baumstümpfe trockneten in der Sonne, daneben lagen die Reste der Kronen klein gehäckselt an der Wegeböschung. Ich ärgerte mich – mal wieder. Wenn man Wald beseitigt, um Offenlandarten zu schützen, ist das ganz sicher eines nicht: Naturschutz.

Denn von Natur aus ist Deutschland ein reines Waldland; die vielen baumfreien Landschaften sind fast ausschließlich durch kulturelle Tätigkeiten entstanden. Schon vor Jahrhunderten wurden die Wälder gerodet, der Boden danach so stark landwirtschaftlich genutzt, dass er völlig auslaugte. Kunstdünger gab es damals noch nicht, das bisschen Stallmist reichte nicht für die kargen Felder. Mit der Zeit konnten auf den ausgebeuteten Parzellen nur noch Pflanzen leben, die mit einem solch mageren Nährstoffangebot zurechtkommen. Die ursprüngliche Heimat dieser Spezialisten liegt häufig im südosteuropäischen Raum; sie konnten sich im Schlepptau der Waldrodungen und Bodenzerstörungen bis zu uns ausbreiten. Doch als der Kunstdünger aufkam, war es vorbei mit der Blütenpracht. Die Böden konnten wieder aufgepeppt, Wiesen, Weiden und Heidelandschaften erneut unter den Pflug genommen werden. Die romantische Sehnsucht nach der guten alten Zeit und den blumenreichen Wiesen brach sich Bahn durch die Ausweisung von Schutzgebieten. Ob Lüneburger Heide, Almwiesen im Allgäu oder besagtes Naturschutzgebiet im Harz; ihnen allen ist gemein, dass hier fortlaufend gegen die Rückkehr des Waldes gekämpft werden muss.

Wie kommt es eigentlich, dass eine so waldfreundliche Nation in zahlreichen Schutzgebieten gegen Bäume vorgeht? Ich denke, dass es eine tiefe Naturliebe ist, die lediglich ein wenig auf Abwege geriet und das Verlangen danach aufkommen ließ, möglichst viele Arten zu retten. Das passende Stichwort dazu lautet »Artenvielfalt«. Sie soll erhalten werden, und immer dann, wenn eine Spezies bedroht ist, laufen Rettungsprogramme à la Harzwiesen an. Tatsächlich kann man damit landauf, landab Raritäten wie Enziane, Orchideen oder Narzissen unterstützen, die durch die moderne Landwirtschaft verloren gehen. Doch lassen Sie mich mit einem großen Missverständnis aufräumen: Artenvielfalt an sich hat nichts mit Naturschutz zu tun. Die größte Artenvielfalt auf kleinstem Raum finden Sie in einem Zoo. Diesen als Naturschutzgebiet zu bezeichnen fällt selbst den aktivsten Umweltschützern nicht ein, und dennoch machen wir genau dies in Nationalparks und Co.

Sobald etwa der Auerhahn im Schwarzwald zu verschwinden droht, werden für ihn Wälder aufgelichtet und eine Art künstliche Taiga geschaffen. In der gibt es vor allem einen wesentlichen Faktor: Zwergsträucher wie die Heidelbeere. Sie ist neben Insekten eine wichtige Nahrungsquelle für Hühner und Küken. Wärmeliebende Insekten wie die Waldameisen, aber eben auch Heidelbeersträucher konnten sich nur ausbreiten, weil schon im Mittelalter großflächig Wälder gerodet und verwüstet wurden. Aus dem dunklen Waldboden unter mächtigen Buchenkronen wurden sonnendurchflutete Biotope, in denen allerlei Kräuter und Sträucher eine Chance bekamen. So zog der Auerhahn den Rhodungstätigkeiten des Menschen hinterher. Heute haben sich viele Wälder wieder geschlossen, und zumindest teilweise dürfen die ursprünglichen Laubbäume wieder zurückkehren. Leider bedeutet das vielerorts das Aus für den Auerhahn, der aber global gesehen keineswegs gefährdet ist. Bei einem unserer Besuche in Schwedisch Lappland konnten meine Familie und ich uns überzeugen, dass die Wälder noch ganz ordentlich mit diesen Wildhühnern besetzt sind (die dort übrigens noch gegessen werden, aber das ist ein anderes Thema). In Mitteleuropa ist der Auerhahn nur dort zu Hause, wo es taigaähnliche Ökosysteme gibt. Das sind die wenigen Regionen in den Alpen, bei denen kurz vor der Baumgrenze in großer Höhe raues Wetter herrscht. Dort ist der stolze Bewohner bis heute nicht gefährdet, aber auch anderenorts liebt man ihn heiß und innig. Und so muss der Schwarzwald hier und da für diese Liebe büßen, denn um den Auerhahn zu fördern, muss man auf andere Arten verzichten. Auf welche? Nun, so genau weiß man das bis heute nicht, denn die echten Waldarten Mitteleuropas sind sehr schlecht erforscht. Hunderte Arten von Hornmilben, Springschwänzen und Borstenwürmern harren noch ihrer Untersuchung, doch sie verschwinden, sobald sich im Rahmen von Durchforstungen mehr Licht am Waldboden zeigt oder gar die Baumart gewechselt wird. Statt milder Buchenblätter rieseln dann saure Fichtennadeln hernieder und vergällen den Knirpsen die Mahlzeiten, sodass sie verhungern. Wer trauert schon Hornmilben hinterher? Sie haben keine Knopfaugen, wecken eher Assoziationen mit Hausstauballergien und generieren keine öffentlichen Forschungsgelder. Dabei dürfen sie als so etwas wie das Bodenplankton gelten, welches den Ausgang der Nahrungskette darstellt und damit für das Leben im Wald unverzichtbar ist.

Die Rettung einer einzigen Vogelart durch eine massive Umgestaltung des Waldes zieht damit lokal eine Spur der Artenvernichtung hinter sich her, obwohl sie doch so gut gemeint war. Und genau hier setzt meine persönliche Kritik an. Von Laien muss ich dieses Verständnis nicht erwarten, denn diese müssen sich auf das Urteil von Experten verlassen können. Fachleute jedoch sollten sich nicht von ihren Sympathien für imposante Vögel oder bunte Blumen leiten lassen, sondern von ihrem Auftrag, regional heimische Ökosysteme zu erhalten. Und global betrachtet haben wir für das relativ kleine Verbreitungsgebiet der Buchenurwälder Verantwortung, die jedoch bis heute kaum ernst genommen wird. Vielleicht wenigstens in den neuen Nationalparks, die in den letzten 25 Jahren wie Pilze aus dem Boden schießen?

Ich habe mich seinerzeit sehr gefreut, als der Nationalpark Eifel eingerichtet wurde. Wir haben, im globalen Maßstab gesehen, viel zu wenig Schutzgebiete und daher kaum Anlass, den Zeigefinger zu heben, wenn es etwa um den Regenwald am Amazonas geht. Unsere Verantwortung besteht im Erhalt oder der Wiederherstellung der ursprünglichen Buchenurwälder, die, weltweit gesehen, nur sehr klein waren. Im Zentrum der Verbreitung stand Deutschland,

»stand«, weil es hier leider keinen einzigen Quadratmeter mehr davon gibt. Immerhin haben einige alte Wälder überlebt, in denen zwar Holz gewonnen wurde, die aber ansonsten noch sehr naturnah sind. Einige dieser Wälder bilden den Kern neuer Nationalparks, wie eben in der Eifel. Und da diese Reste viel zu winzig sind, um wenigstens die international anerkannte Mindestgröße von hundert Quadratkilometern zusammenzubekommen, werden auch angrenzende Fichtenplantagen in den Park integriert. Das kann durchaus sinnvoll sein, denn immerhin stehen dort ja schon Bäume, wenn auch nicht die gewünschten. Unter den Fichten können dann junge Buchen aufwachsen, die in den ersten hundert bis zweihundert Jahren Schatten brauchen. So machen wir es auch in meinem Revier – die Fichten dienen quasi als Stiefeltern für den Laubbaumnachwuchs. Nun werden auch die Nadelbäume meines Reviers von Borkenkäfern befallen, und da es für Fichten und Kiefern dort ebenfalls zu warm ist, würden in wenigen Jahren alle Bestände dahingerafft werden, würde ich nicht eingreifen. Befallene Stämme werden gefällt und entrindet, um den Insekten die Brutgrundlage zu entziehen. Eine Massenvermehrung kann so sicher verhindert werden. Damit bleiben die alten Fichten als Schattenspender für die jungen Buchen erhalten.

In einem Nationalpark wäre das kontraproduktiv. Denn selbst wenn zu Recht vermutet werden darf, dass unter aktuellen Klimabedingungen auf die Dauer ein Buchenurwald entsteht, so muss man den Weg dorthin (oder in eine andere Richtung?) der Natur überlassen. Dies ist ja das Spannende: zu schauen, ob die eigenen Theorien stimmen oder ob nicht doch etwas ganz anderes passiert. Es passiert tatsächlich etwas ganz anderes, nur nicht im Sinne freier Prozesse. Da in allen Waldnationalparks Förster in leitender Position mitreden, wird dort gemacht, was im Wirtschaftswald längst verboten ist: große Kahlschläge. Genau wie in jedem anderen Forst rollen Harvester den Boden platt, entasten und zersägen die Stämme, die an die umliegenden Sägewerke verkauft werden. Wie war das noch mit dem Prozessschutz?

Doch sobald der Schutzstatus für den Park in Kraft tritt, können sich die Verantwortlichen gar nicht schnell genug von den Nadelbäumen trennen. Jetzt auf einmal sind sie nicht heimisch, absolut unerwünscht und gehören schnellstens beseitigt. Das Dumme ist nur, dass der ersehnte Laubwald zu seiner Entstehung auf Schatten angewiesen ist. Ganz im Gegensatz zur Fichte, die nun auf den kahlen Flächen zu Millionen keimt und rasch zu dem emporwächst, was man offiziell ablehnt: einem Nadelforst. Die Entstehung von Urwäldern wird so noch einmal um mindestens hundert Jahre in die Zukunft verschoben, aber unter der Hand wird zugegeben, was in keinem Prospekt steht: Das Holz wurde vor Borkenkäfern und Pilzen gerettet und der Industrie zur Verfügung gestellt.

Und ohne Eingriffe? Wie man großflächig in den sogenannten »Kernzonen« (= unberührten Zonen) des Nationalparks Bayerischer Wald miterleben kann, sterben die Fichten großflächig durch Massenvermehrungen von Borkenkäfern. Die toten Stämme spenden zumindest etwas Schatten, aber noch nicht genug. Es reicht immerhin für eine Mischung aus Laub- und Nadelbäumen, die nun auch aus einem anderen Grund bessere Chancen haben: Den Verhau umgestürzter Bäume mögen Rehe kaum betreten, sodass die Schösslinge unverbissen aufwachsen können. Die langsam vermodernden Fichten sorgen zudem für neuen Humus, der Wasser speichert und so manchen trockenen Sommer überstehen hilft. Trotzdem dauert es auch hier bis zu 500 Jahre, bis ein echter Urwald entsteht. Doch Wald ist geduldig – 500 Jahre, das ist nur eine Baumgeneration.

Wenn wir uns Wald unter Naturschutzaspekten anschauen, fehlen noch die Tiere. Nicht die wilden, denn die haben wir ja schon ausführlich kennengelernt. Es sind unsere Haustiere, die schon seit Jahrtausenden in Konkurrenz mit ihren Urahnen treten, welche ihnen zahlenmäßig heutzutage hoffnungslos unterlegen sind. Wölfe etwa sind in Deutschland immer noch selten, aber nur die wilde Variante. Ihre gezähmten Brüder und Schwestern dagegen, die Haushunde, zählen nach Angaben des Statistischen Bundesamtes allein in Deutschland über zehn Millionen Tiere. Und die wollen auch einmal den Wald genießen. Richtig schön wird es für die Vierbeiner, wenn sie von der Leine gelassen werden. Und dann? Die meisten Hunde haben einen Jagdtrieb, der aus der Vergangenheit stammt. Bis auf Schoßhunde wurden die meisten Rassen für einen bestimmten Zweck gezüchtet, und der hatte in den meisten Fällen mit der Jagd zu tun. Ob das Fangen von Wild, das Niedermachen, das Vorstehen (= Anzeigen, dass Beute im Busch ist, damit der Jäger sich schussbereit machen kann), das Suchen von angeschossenen Tieren, das Bergen von Wasservögeln – die Palette ist kaum zu überblicken.

Zwar werden die meisten Hunde heute als Familienmitglieder gesehen und weniger als Helfer im Wald, doch dort draußen zwischen den Bäumen bricht oft endgültig die Lust an der Verfolgung von Hasen oder Rehen durch. Sind die gejagten Tiere gesund, kann ein Hund sie nicht fangen. Rehe etwa laufen nicht geradeaus, sondern in einer Art Kreis. Ihre Spur überkreuzt sich so mit der eigenen, älteren, sodass Hunde dem Geruch nicht mehr folgen können und verwirrt aufgeben. Gefährlich wird es für die Waldbewohner nur, wenn zwei oder mehr Hunde die Spur aufnehmen. Dann können diese ihrer Beute den Weg abschneiden und sie schließlich erlegen. Dummerweise machen sie es meist nicht wie die Wölfe und packen am Hals zu – das würde sehr schnell zum Tod führen. Nein, oft verbeißen sie sich in das Hinterteil oder die Seite ihrer Opfer, was zu schweren Verletzungen und anschließend einem tagelangen Todeskampf führt. Je nach Bundesland ist das Führen an der Leine daher vorgeschrieben, und wo nicht, gilt: Der Hund darf zwar frei laufen, muss aber jederzeit im Einflussbereich bleiben, sprich, aufs Wort oder einen Pfiff zurückkommen.

Die Leine hat jedoch nicht nur Vorteile. So fand ich eines Tages in einem jungen Fichtenbestand ein altes Halsband und eine daran befestigte Leine. Beides moderte offensichtlich schon seit Jahren unter den Bäumen vor sich hin und war die letzte Spur eines Dramas. Der Hund hatte sich anscheinend aus der Hand von Frauchen oder Herrchen losgerissen und war danach außer Hörweite an den Ästen der Fichte hängen geblieben. Dort verhungerte der Hund elendiglich und wurde anschließend von Füchsen oder Wildschweinen gefressen. Wenn also schon frei laufen lassen, dann richtig: ohne Halsband und ohne Leine.

Blitz und Donner

Was macht man bei Gewitter im Wald? Natürlich ist es ratsam, bei einem entsprechenden Wetterbericht gar nicht erst zu einer Wanderung aufzubrechen, aber falls man von einem Unwetter überrascht wird, muss man handeln. Wie wäre es mit dem alten Spruch »Eichen sollst du weichen, Buchen sollst du suchen«? Er rührt von der Beobachtung unserer Vorfahren her, die Spuren von Blitzeinschlägen nur an Eichen, nie jedoch an Buchen fanden. Was liegt da näher, als unter Letzteren Schutz zu suchen?

Doch dieser vermeintliche Schutz ist trügerisch, denn Buchen sind keinesfalls vor solchen Phänomenen gefeit. Sie haben eine glatte Rinde, auf der sich bei starken Regenfällen eine durchgehende Wasserschicht bildet, die wie ein kleiner Fluss Richtung Wurzeln rauscht. Teilweise ist das bei Platzregen so viel, dass sich am Stammfuß weißer Schaum bildet. Eichen hingegen haben eine grobe, rissige Rinde. Das herabfließende Wasser bildet Hunderte kleiner Fälle, der durchgehende »Fluss« wird immer wieder unterbrochen. Ein Blitz sucht sich stets den Weg der besten elektrischen Leitfähigkeit, und die ist in diesem Fall nicht mehr gegeben. Unter der Rinde sind die Wasserleitungen des Baums, Röhren, die in den äußeren Jahresringen für den Transport von den Wurzeln bis in die Krone sorgen. Hier hinein fährt der Blitz, doch die haarfeinen Leitungen sind dieser enormen Ladung nicht gewachsen und platzen. Teilweise ist die Explosion der Blitzbahn so heftig, dass große Holzsplitter wie Messer durch die Luft fliegen und in Nachbarbäumen stecken bleiben. Noch viele Jahre später ist auf der Rinde der getroffenen Eiche eine sogenannte »Blitzrinne« zu sehen, und das galt früher als Hinweis, dass diese Baumart wie ein Magnet wirken müsse. Dabei ist die Einschlagwahrscheinlichkeit bei allen Baumarten gleich, entscheidend ist lediglich die Höhe. Meiden Sie also Bergkuppen, und suchen Sie keinen Schutz unter Bäumen, die besonders groß sind und aus dem Kronendach des Waldes herausragen.

Häufiger als ein Gewitter ist ganz normaler Regen. Was tun, wenn ein heftiger Guss herniedergeht und weder Regenkleidung noch ein Schirm zur Hand ist? Dann kommt es auf die passende Wahl an, und zwar des Baums, unter den Sie sich stellen sollten. Denn im Gegensatz zum Volksglauben bei Blitzschlag gibt es hier schon wesentliche Unterschiede zwischen den einzelnen Arten. Laubbäume recken ihre Äste schräg nach oben, damit an ihnen das Wasser herunterläuft und den Stamm herab zu den eigenen Wurzeln geleitet wird. Eichen und Buchen sind also regelrechte Wassersammler, und deshalb steht es sich unter ihnen besonders unangenehm. Zudem fallen, noch lange nachdem schon längst wieder die Sonne scheint, Tropfen von den Blättern, was zu der Weisheit führte: »Unter Laubbäumen regnet es immer zweimal.«

Bei Nadelbäumen sieht die Sache schon anders aus. Sie stammen ursprünglich aus dem hohen Norden, also Regionen, in denen es genügend Feuchtigkeit gibt. Das Wassersammeln mit den Ästen ist hier nicht so wichtig, schwieriger wird es dagegen mit starken Schneefällen. Die weiße Last kann ganze Kronen abbrechen. Daher stehen die Äste waagerecht und am Ende nach unten gebogen ab. Fällt viel Schnee, kann der Baum seine »Arme« durch das höher werdende Gewicht einfach anlegen und damit seine Silhouette (von oben gesehen) deutlich verkleinern. Und bei Regen? Da läuft viel Wasser an den Ästen entlang nach außen ab, also vom Stamm weg. Daher ist es unter Nadelbäumen immer besonders trocken, was Sie sich bei einem Schauer zunutze machen können. Je näher Sie an den Stamm etwa einer Fichte rücken, desto trockener bleiben Sie. Für den Baum ist das in unseren Breiten allerdings ein Nachteil, denn dadurch »verschenkt« er sehr viel kostbares Nass. Zusammen mit den maschinell verdichteten Böden kommt der sommerliche Durst so noch schneller.

Sind Sie in Laubwäldern unterwegs, können Sie auf die Wettervorhersage der Vögel hören. Der Buchfink etwa hat verschiedene Rufe auf Lager. Den normalen Schönwetterruf können Sie sich mit einem Spruch merken, der die Silben halbwegs korrekt wiedergibt und den mir mein Naturkunde-Professor mit auf den Weg gab: »Bin bin bin ich nicht ein schöner Feldmarschall?« Zieht Regen auf, wechselt die lustige Tonfolge in ein schnödes »Räätsch«.

Ruhige, nebelige Wetterlagen sind trügerisch. Man streift unter alten, mächtigen Bäumen umher – was soll da schon passieren? Ganz im Gegenteil wirkt es sehr romantisch-mystisch, wenn wie im Märchen dunkle Stämme zwischen langsam daherziehenden Wasserdampfschwaden mal auftauchen, mal wieder verschwinden. Der Dunst dämpft zudem alle Geräusche, sodass man sich völlig allein mit der Natur wähnt. Doch bei besonders dichtem Nebel hört man ab und zu ein lautes »Rums«. Ein dumpfer Schlag, als ob ein großes Etwas auf den Waldboden aufschlüge. Und genau so ist es. Es sind armdicke Äste, die aus den Kronen mächtiger Laubbäume herabfallen. Bei Windstille? Würde ein mächtiger Sturm wüten, wunderte sich niemand, doch bei solch friedlichem Wetter rechnet niemand mit tödlicher Gefahr von oben. Ursache ist die hohe Luftfeuchtigkeit. Die toten, morschen Äste saugen die Wassertröpfchen wie ein Schwamm auf. Ihre Stabilität ist durch Pilze, Bakterien und Käferlarven schon stark herabgesetzt, da die kleinen Organismen unermüdlich das Holz auffressen und anschließend watteweichen Mulm hinterlassen. Die aufgesaugte Feuchtigkeit ist der Tropfen, der das Fass zum Überlaufen bringt. Das zusätzliche Gewicht überfordert das schwache Restholz – es bricht, und der Ast rauscht zu Boden.

Der sogenannte »Duftanhang« ist nicht nur für Sie, sondern auch für die Bäume lebensbedrohlich. Denn was sich nach lieblichem Geruch anhört, ist in Wirklichkeit Reif. Und schon wieder kommt der Nebel ins Spiel, jetzt allerdings bei Temperaturen unter dem Gefrierpunkt. Hält so eine Wetterlage tagelang an, setzen die Zweige immer mehr Eiskristalle an. So lange, bis dicke Äste herabbrechen oder sogar der ganze Baum krachend birst. So etwas kommt immerhin etwa alle fünf bis zehn Jahre vor. Nur einmal in meinem bisherigen Berufsleben konnte ich dagegen Eisanhang beobachten. Es regnete einen leichten, harmlosen Landregen über drei Tage hinweg bei minus drei °C, und der ganze Wald wurde mit einem zentimeterdicken Eispanzer glasiert. Durch das Gewicht verbogen sich vor allem jüngere Bäume teils bis zum Boden, während bei älteren Nadelbäumen die Wipfel abbrachen und herabstürzten. Wanderer waren nicht unterwegs, weil sich die Wege in spiegelblanke Rutschbahnen verwandelt hatten.

Die Gefahr für Waldbesucher hält sich allerdings in Grenzen und dürfte nicht höher sein als die, von einem

Blitz getroffen zu werden. Ist Nebel nun gefährlicher als Sturm? Nein, sicher nicht. Während ich bei Nebel bedenkenlos wandern würde, sollten Sie bei Sturm definitiv zu Hause bleiben, denn dann brechen und fallen ganze Bäume.

Das Glasscherben-Märchen

Glasflaschen lösen regelmäßig leichte Panikattacken aus. Glasflaschen? Wie kann etwas so Harmloses die Nerven flattern lassen, und vor allem: Was hat das mit dem Wald zu tun? Lassen wir zunächst unsere ängstlicheren Zeitgenossen zu Wort kommen. Sie argumentieren, dass weggeworfene Flaschen für Waldbrände verantwortlich seien. Vor allem der dicke Boden wirke wie eine Lupe, bündele das Sonnenlicht und sorge in seinem Brennpunkt für eine solche Hitze, dass sich die trockene Bodenstreu wie Zunder entflammen könne. Das klingt logisch; solch eine Feuererzeugung habe ich schon als kleiner Junge mit einem Brennglas nachgestellt und war jedes Mal begeistert, wenn das kleine weiße Pünktchen gebündelten Sonnenlichts Glutpunkte in das Zeitungspapier brannte. Ist ein dicker Flaschenboden passend gebogen, wirkt er ähnlich wie eine Lupe. Trotzdem habe ich noch nie gehört, dass durch weggeworfene Flaschen ein Feuer ausgelöst worden ist. Auch Journalisten trieb diese Frage um, und so gab die »ZEIT« beim Deutschen Wetterdienst ein Experiment in Auftrag. Ein Mitarbeiter versuchte mit optimal geformten Glasböden, Temperaturen von über 200 °C zu erzeugen – das ist das Minimum für eine Entzündung. Trotz aller Bemühungen gelang ihm nur eine Erwärmung des Brennmaterials auf achtzig °C, und das unter besten Laborbedingungen.[25]

Glas als Übeltäter scheidet also aus, und trotzdem sollte man es nicht im Wald entsorgen. Ich finde immer wieder alte Müllhalden aus den 1950er- und 1960er-Jahren. Damals kippte die Dorfbevölkerung ihre Abfälle einfach den nächsten Hang hinunter – aus den Augen, aus dem Sinn. Diese wilden Kippen wurden mit Einführung der geregelten Müllabfuhr mit etwas Erde abgedeckt, und schon waren die Sünden der Vergangenheit vergessen. Ich habe lange überlegt, wie naturliebende Menschen so etwas machen können. Die Antwort liegt auf der Hand: Bis zum massenhaften Gebrauch von Kunststoff waren die meisten Abfälle verrottbar. Ob Holz, Leder, Papier; alles wurde mehr oder weniger schnell wieder zu Staub. Da war es nicht so schlimm, alles irgendwo auf einem Haufen zu beseitigen. Wertvolles Glas oder Metall wurde wieder eingesammelt, sodass die Landschaft nicht verschandelt wurde.

Doch in den ersten Nachkriegsjahrzehnten kam mit dem steigenden Wohlstand auch die Wegwerfmentalität auf, und die alten Traditionen mit den wilden Kippen hinter den Häusern hielt sich noch ein wenig. Diese Zeitspanne beschert uns bis heute immer wieder Glas- und Metallfunde, wo die dünne Erdschicht vielerorts schon wieder weggespült wurde. Und wenn man da nicht aufpasst, dann hat man schnell eine Scherbe im Fuß. Wir Menschen tragen immerhin Schuhe, Wildtiere leider nicht. Daher sollten wir aufpassen und nicht noch mehr Müll in den Wald bringen, auch wenn er dort keine Brandgefahr hervorruft.

Apropos Waldbrände: Sie sind von Natur aus ein Phänomen trocken-heißer Sommermonate. Um sie zu verstehen, können Sie zu Hause ein kleines Experiment durchführen. Versuchen Sie einmal, einen grünen Buchen- oder Eichenzweig anzuzünden. Nur zu! Und siehe da – es klappt nicht. Lebende Laubbäume brennen nicht, da können Sie machen, was Sie wollen. Und weil selbst Blitze das nicht schaffen, gibt es von Natur aus in Mitteleuropa keine Waldbrände.

Dennoch schafft es ab und zu ein Feuer in die Nachrichten, auch wenn es kein Wald ist, der dann abfackelt. Plantagen aus Fichten, Kiefern und anderen Nadelhölzern machen mittlerweile über die Hälfte unserer »Wälder« aus, monotone Baumpflanzungen also, die mit Natur nichts mehr zu tun haben. Die Nadeln, die Rinde und das Holz enthalten ätherische Öle und Harze, die allerbesten Brennstoff darstellen. Zudem sammelt sich zu Füßen der Stämme eine dicke, trockene Streuschicht, weil unsere heimischen Bodentiere dieses saure Menü nicht richtig verdauen können. Das ergibt einen wunderbaren Zunder, der auf weggeworfene Zigarettenstummel nur zu warten scheint. In der Hitze des Sommers genügt tatsächlich der sprichwörtliche Funke, und schon stehen Hunderte Bäume in Flammen. Dass daraus nichts Größeres wird, liegt an der Brandüberwachung, die in kritischen Zeiten akribisch jedes Rauchwölkchen an die nächste Feuerwehr meldet.

Gibt es eigentlich »guten« Müll? Also Dinge, die wir getrost im Wald entsorgen können? Beim Wandern stellt sich diese Frage ja immer wieder. Wer möchte etwa eine matschige Bananenschale oder einen feuchten Apfelbutzen zurück in den Rucksack legen? Oder das voll geschneuzte Papiertaschentuch, welches sich schon in Auflösung befindet? Ein beherzter Wurf, und schon landen diese Dinge schwungvoll im Unterholz. Es ist ja organische Materie, die innerhalb weniger Monate wieder zu Humus wird. Ich würde aus mehreren Gründen davon abraten. Da wären etwa Spritzmittel in Obstschalen oder Wachse, die die

Oberfläche attraktiv glänzen lassen. Sie erschweren den Abbau und hinterlassen chemische Verbindungen im Boden, die es dort vorher nicht gegeben hat. Ähnliches ist von den Taschentüchern zu sagen, und hier stellt sich noch ein ganz anderer Effekt ein: Sie leuchten weiß und signalisieren jedem, dass hier Müll herumliegt. Und Müll zieht weiteren Müll an. Das ist der Grund, warum mittlerweile kaum noch eine Schutzhütte im Wald den früher obligatorischen Mülleimer aufweist. Ist dieser nämlich voll, wird einfach alles daneben gekippt. Fehlt dagegen der Eimer, nehmen Wanderer ihre Abfälle wieder mit nach Hause – es sei denn, frühere Besucher haben ihre Verpackungen einfach in eine Ecke gelegt. Da spielt es doch keine große Rolle mehr, wenn man den eigenen Müll noch mit dazugibt, oder? Daher bin ich grundsätzlich dafür, jede Form von Abfall, sei er organisch oder nicht, wieder dahin zu legen, wo er herkommt: in den eigenen Rucksack.

Ohne Uhr und ohne Kompass

Ich bin ein bekennender Uhrenfreak. Will heißen: Ohne Uhr am Handgelenk fühle ich mich nicht komplett angezogen. Es sind aber nicht nur die vielen Termine, die ich selbst als Förster habe und die ich nicht verpassen sollte (ja, so völlig entspannt geht es auch in diesem Beruf nicht zu). Ich liebe auch das Ticken mechanischer Wand- und Tischuhren, deren dumpf hallende Stundenschläge von alten Zeiten erzählen.

Ob solche handwerklichen Raritäten oder die Digitalanzeige auf dem Handy; wir alle haben die Tageseinteilung verinnerlicht. Dabei weist sie mehrere gravierende Fehler auf, zumindest wenn Sie im Wald unterwegs sind. Der erste ist mehr astronomischer Art: Die Zeit, die Sie auf Ihrer Uhr ablesen, ist die mitteleuropäische Zeit (MEZ). Sie entspricht dem Sonnenstand auf dem 15. östlichen Längengrad. Ist es beispielsweise 12:00 Uhr, steht sie in allen Orten dieser Zone exakt im Süden. In Deutschland wäre dies Görlitz an der deutsch-polnischen Grenze, in Österreich ist es Gmünd im Waldviertel, und in der Schweiz gibt es gar keinen Ort auf dieser Linie. Das bedeutet für alle anderen

Orte, dass die Uhr nicht mit dem Sonnenstand übereinstimmt. So beträgt die Abweichung für mein Heimatdorf Hümmel rund eine halbe Stunde; um 12:00 Uhr beträgt die wahre Ortszeit gemäß Sonnenstand also erst 11:30 Uhr. Das Dorf liegt auf der anderen Seite Deutschlands, ganz im Westen, und entsprechend muss sich die Erde erst noch eine halbe Stunde weiter drehen, damit auch hier die Sonne exakt im Zenit steht.

Noch krasser wird die Abweichung, und damit kommen wir zum zweiten Fehler, während der Geltungsdauer der Sommerzeit: Dann wird die Uhr eine Stunde vorgestellt und damit die Abweichung nochmals um sechzig Minuten erhöht. Schaue ich also mittags in Hümmel auf die Uhr, steht die Sonne erst auf ihrer 10:30-Uhr-Position. Warum ich so weit aushole? Weil der Wald keine menschlichen Uhren kennt, sondern seinen Rhythmus selbstverständlich nach dem echten Stand der Sonne richtet. Genau wie wir auch kennt er Unterschiede zwischen Tag und Nacht, zwischen Morgen- und Abenddämmerung und den ganzen Zwischentönen. Wie fein beispielsweise die Vögel die zunehmende Helligkeit unterscheiden können, lässt sich schön an der Vogeluhr hören. Damit jeder Sänger wenigstens einigermaßen zu hören ist, hat jede Art ihre eigene Zeit – oder besser, den eigenen Sonnenstand –, bei der sie so richtig in Fahrt kommt. Während die Feldlerche schon eineinhalb Stunden vor Sonnenaufgang loslegt, ist der Zilpzalp erst sechzig Minuten später in Stimmung. Wenn Sie die Arten rund um Ihren Heimatwald bestimmen, können Sie anhand des Gesangs eine ganz persönliche Vogeluhr zusammenstellen. Eines ist allerdings allen Vögeln gemein: Steigt die Sonne über den Horizont, so trällern alle los. Eine solche Naturuhr taugt also nur für Frühaufsteher und ist davon abgesehen auch nur im Sommerhalbjahr nutzbar.

Kennen Sie die alte Pfadfinderregel mit dem Moos? Wo dieses am Stamm wächst, da ist die Wetterseite. Und da in unseren Breiten bei Regen meistens Westwind herrscht, werden die Baumstämme in dieser Himmelsrichtung besonders nass. Moos liebt Feuchtigkeit und wächst daher wie ein Kompass schön nach Westen. Das stimmt tatsächlich in vielen Fällen, doch wenn Sie sich im Wald darauf verlassen und am Moosbewuchs orientieren, verlaufen Sie sich garantiert. Denn unter dem schützenden Dach der Baumkronen ist es windstill, und der Regen fällt daher meist senkrecht nach unten. Wo das Moos zu finden ist, wird von einem ganz anderen Umstand bestimmt. Bäume wachsen selten exakt gerade nach oben; die meisten Stämme weisen eine ganz leichte, bananenförmige Krümmung auf. Laubbäume sammeln das Wasser, wie schon berichtet, mit den Ästen ein und leiten es am Stamm hinab zu den Wurzeln. Dieser Wasserfluss wird nun durch die Krümmung beeinflusst. Auf der Oberseite der Biegung läuft ein kleiner Bach, auf der Unterseite dagegen fallen die Tropfen einfach herab, sodass der darunter gelegene Teil der Borke keine Feuchtigkeit mehr erhält. So kann dort kein Moos wachsen, während es auf der nassen Oberseite dicke Polster bildet. Es zeigt damit nur an, wo die Krümmung ist, nicht jedoch in irgendeine Himmelsrichtung. Und weil jeder Baum nach einer anderen Seite gebogen ist, zeigt der Moosbewuchs mal hierhin, mal dorthin … Überprüfen Sie es selbst einmal beim nächsten Spaziergang. An Nadelbäumen wächst übrigens seltener Moos, weil sie ja den Regen mit ihren Ästen vom Stamm weg lenken. Immerhin tragen sie so nicht zur Verwirrung von Pfadfindern bei. Und jetzt?

Eigentlich kann man sich in den Wäldern Mitteleuropas gar nicht mehr verlaufen. Mit Handy und GPS-Programm wird die eigene Wanderroute in Echtzeit aufgezeichnet, sodass sich die eigene Position jederzeit bestimmen lässt.

Selbst die schon etwas angestaubte Variante mit Wanderkarte ist narrensicher: Vielleicht nehmen Sie irgendwo den falschen Abzweig, aber sich so zu verlaufen, dass Sie tagelang allein im Wald umherirren, geht, schon rein statistisch gesehen, gar nicht. Denn unsere Wälder sind eigentlich Wäldchen. Schauen Sie sich den Flickenteppich einmal auf einem Luftbild im Internet an, dann werden Sie sehen, wie winzig diese grünen Inseln sind. Wissenschaftler gehen davon aus, dass erst mit einem Kilometer Abstand zur nächsten Wiese, Straße oder Siedlung im Waldinnern echtes Waldklima ohne Randstörungen herrscht. Ein Kilometer? Dann sind Sie aus vielen Wäldern schon wieder heraus.

Ein anderer Maßstab sind Tiere. Wer weiß, dass selbst die kleine Wildkatze, die sich überwiegend von Mäusen ernährt, schon fünf bis zehn Quadratkilometer große Reviere braucht, der ahnt, wie groß echte Wälder sein müssten: ein Vielfaches von einem Katzenrevier. Und damit nicht genug. Laut Bundeswaldinventur kommen auf jeden Quadratkilometer Wald rund dreizehn Kilometer befestigte Wege. Sie durchziehen auch noch den letzten Winkel, damit Lkws das eingeschlagene Holz rund ums Jahr abtransportieren können. Links und rechts von diesen Wegen zweigen Fahrspuren in Schneisen ab, die für die großen Erntemaschinen geschlagen werden. Weil diese sogenannten »Rückegassen« im Abstand von zwanzig Metern angelegt werden, summieren sie sich pro Quadratkilometer noch einmal auf schier unglaubliche fünfzig Kilometer. Weglose Wildnis sieht anders aus. Das Schlimmste, was Wanderern passieren kann, ist, dass sie im verkehrten Dorf herauskommen und sich von dort aus ein Taxi zum gewünschten Wanderparkplatz bestellen müssen. Wenn Sie trotz allem ganz sicher nicht im Kreis laufen möchten, gibt es eine einfache Faustregel: Es wird immer bergab gelaufen, bis man wieder an einer festen Straße ist. So kommen zwar möglicherweise einige Umwege zustande, aber eben nicht eine kopflose Tour durch den Wald. Treffen Sie beim Bergablaufen auf ein Gewässer, folgen Sie diesem in Fließrichtung (das heißt ebenfalls bergab).

Doch der Gedanke, sich tagelang zu verlaufen, ohne Nahrung und ohne Handy, hat etwas reizvoll Beängstigendes. Zumindest die Vorstellung fasziniert, wenn man einmal die Orientierung verliert. Und dann? Dann gibt der Wald genügend her, um tatsächlich lange überleben zu können. Und es macht Spaß, es einfach einmal auszuprobieren, auch wenn es dafür keine echte Notwendigkeit gibt.

Überleben im Wald

Ich habe eine Zeit lang Survivaltrainings veranstaltet. Die Teilnehmer durften nur einen Schlafsack, eine Tasse und ein Messer mitnehmen. Zu Fuß ging es in ein abgelegenes Waldgebiet meines Reviers, und dort verbrachte die Gruppe das ganze Wochenende. Da die Veranstaltungen meist in der Zeit zwischen Mai und September stattfanden, sollte sich eigentlich genügend Essbares finden. Pilze, Beeren, Nüsse – was braucht man mehr, um wenigstens für 48 Stunden satt zu werden? Diesen schönen kulinarischen Dreiklang können Sie getrost vergessen. Der Grund: Solche Nahrungsmittel sind nur jeweils für wenige Wochen im Jahr verfügbar, zudem sind sie mit Ausnahme der Nüsse nicht besonders kalorienreich. Und die Nüsse, so eine alte Erfahrung, holen sich flott die Eichhörnchen, bevor sie endgültig reif sind.

Wir müssen also nach anderen Dingen schauen. Besonders reichlich vorhanden ist das Kambium von Fichten. Dabei handelt es sich um die Wachstumsschicht des Baums, die unter der Borke angesiedelt ist. Nach innen produziert diese Zellschicht Holz, nach außen Rinde. Im Winter enthält der Baum nur wenig Wasser, und die Rinde haftet bombenfest am Stamm. Ab März jedoch, sobald die Fichten aus dem Winterschlaf erwachen und wieder Wasser aus dem Boden pumpen, geht die Außenhaut der Bäume leicht ab, wenn man ein Messer ansetzt. Der Höhepunkt dieser Leichtigkeit ist im Mai – nun können Sie ganze Bahnen abschälen. Um keinen stehenden Baum zu beschädigen, probieren Sie das besser an einer vom letzten Wintersturm umgeworfenen Fichte aus. Ist die Rinde abgeschält, liegt der glänzende Holzkörper frei. Wo nur soll hier das Kambium sitzen? Es glänzt Sie gerade fröhlich an, denn es ist sehr saftreich. Mit der flachen Klinge können Sie nun über das Holz schaben und dabei milchige Streifen abschälen – voilà! Sie schmecken ein bisschen wie harzige Mohrrüben und enthalten neben Vitaminen auch Zucker und andere Kohlehydrate. Mengenmäßig zählt Kambium zu den ergiebigsten Nahrungsquellen im Wald, und geschmacklich ist es auch schon der Höhepunkt.

Harzige Mohrrüben als kulinarisches Highlight? Ja, so ist es, und das haben wir uns selbst zuzuschreiben. Echte Naturkost schmeckt in der Regel bitter oder sauer, ist zäh und faserig und nur in kleinen Mengen zu finden, sodass der ganze Tag mit der Nahrungssuche vergeht. Da ist das Kambium tatsächlich ein Segen. Dass wir es nicht mehr zu schätzen wissen, liegt an der Evolution unserer Lebensmittel. Sie haben in den letzten Jahrzehnten einen gnadenlosen Wettbewerb durchlaufen. Filter sind unsere Gaumen, die nach Kalorien und seltenen Stoffen fahnden – das ist unser genetisches Erbe aus grauer Vorzeit. Fett, süß, salzig oder komprimierte Kohlehydrate; das ist es, wonach wir instinktiv gieren. Vor 10 000 Jahren mag das sinnvoll gewesen sein, schließlich gab es kaum Kalorienbomben, und hatte man einmal eine gefunden, musste sie sofort verzehrt werden. Angesichts übervoller Supermärkte gibt es dazu keinen Anlass mehr, doch wir können unser instinktives Programm nicht einfach abstellen. Stattdessen wurden die Lebensmittel immer weiter optimiert, sodass sie möglichst exakt zu unseren unbewussten Sehnsüchten passen. Nur solche Produkte überleben im Markt, zumindest so lange, bis ein noch schmackhafteres auftaucht. Die Folge: Es schmeckt in gewissem Rahmen alles mehr oder weniger gleich. Klingt das ein wenig übertrieben? Der Beweis wächst draußen in der Landschaft. Probieren Sie einmal frische Vogelbeeren, erntereife Schlehen oder Salat aus Gänseblümchen und Löwenzahn. Schon beim Gedanken daran zieht sich mir alles im Mund zusammen, schließlich bin ich in dieser Hinsicht ebenfalls zivilisationsgeschädigt. Und in diesem Lichte besehen, ist Kambium tatsächlich ein Geschenk, zumindest zwischen März und Juli. Danach bereiten sich die Bäume wieder auf den Winter vor und lassen sich innerlich trocknen. Die Rinde lässt sich nur mühsam in kleinen Stückchen abschälen, und das Kambium ist darunter nicht mehr erkennbar.

Aber es gibt ja noch andere Leckereien, etwa die Bockkäferlarven. Das sind flache, mehrere Zentimeter lange Wesen, weiß mit einem dunkelbraunen Kopf. Sie sind deshalb so platt, weil sie unter der Rinde toter Bäume nach den letzten Resten von Nährstoffen fahnden. Dabei zerschreddern sie mit großen Zangen die Borke und verputzen dabei auch das eingetrocknete Kambium. Diese Larven sind kleine Eiweißbomben, und wer sich im Wald durchschlagen muss, hat keine Wahl: ab in den Mund damit! Doch nicht zu hastig bitte, denn das Essen beißt zurück. Daher empfiehlt es sich, zuerst den Kopf zu zerkauen und dann den Rest zu genießen. Der Geschmack ist nussig-erdig, und wenn das Kopfkino ausgeschaltet bleibt, spielt die Bockkäferlarve in einer Liga mit dem Kambium. Große Stücke von Stämmen, bei der letzten Holzernte als Faulholz im Wald zurückgelassen, sind ergiebige Fundstellen. Wälzen Sie so ein Teil eine halbe Umdrehung weiter, damit die Rinde, die auf dem feuchten Boden gelegen hat, oben liegt. Nun können Sie beherzt mit dem Taschenmesser ganze Platten mürber Borke abheben, und darunter kommen dann die bleichen Bewohner zum Vorschein.

Wenn nicht, sind es zumindest große Mengen an Asseln. Assoziationen mit der heimischen Fußmatte oder Kellerschächten sollten Sie jetzt gedanklich verbannen, sonst klappt es nicht mit dem Snack. Dass Asseln mit Krebstieren verwandt sind, schmeckt man sofort heraus, doch nur, wenn sie roh verzehrt werden. Um den kulinarischen Vorgang nicht allzu grausam für die Zutaten und den eigenen Gaumen zu gestalten, können Sie Ihre Funde auch in einer Pfanne mit etwas Öl erhitzen. Diese Hilfsmittel hatte ich bei meinen Survivaltouren auch immer dabei, um den Übergang zwischen Zivilisation und Wildnis leichter zu machen. Und tatsächlich: Die in Sekundenschnelle gebratenen Insekten schmecken danach wie Chips. Wenn sie nun noch gesalzen werden, erinnert lediglich die Optik an den Urzustand. Damit wären wir allerdings wieder am Anfang des Kapitels und bei der Evolution des Essens, und Hand aufs Herz: Wer hat in der Wildnis schon eine Pfanne mit Öl dabei?

Oft habe ich schon den Spruch gehört: »Ich kann das jetzt nicht, aber wenn es sein müsste, in einer Notsituation, ginge das schon.« Ich glaube, es ist genau umgekehrt. Bei meinen Touren war es stets so, dass die Teilnehmer am ersten Nachmittag besonders viel ausprobierten. Der Magen war von zu Hause oder der Rast während der Anreise noch gefüllt, und jeder Larvenfund wurde zur lustigen Mutprobe. Im Laufe des zweiten Tages jedoch, als der Magen schon lange knurrte und ob der körperlichen Tätigkeiten eine große Müdigkeit einsetzte, war es mit der

Experimentierfreudigkeit dahin. Larven? Nein danke, es lasse sich auch so aushalten, und morgen sei man ja schließlich zu Hause. Da legte man sich lieber noch eine Runde auf die Reisigmatratze und versuchte, den knurrenden Magen durch ein Schläfchen zu vergessen.

Sehr ergiebig sind übrigens auch die Haufen der Roten Waldameise. Die Tiere wuseln zu Zehntausenden darauf herum und brauchen nur abgegriffen zu werden. Freundlicherweise drücken Sie kurz zu und befördern Ihre Opfer damit vom Leben zum Tod, und nebenbei können die Tierchen Sie dann nicht mehr in die Zunge beißen. Allerdings müssen Sie aufpassen, wenn Sie sich neben einen solchen Haufen hocken. Im Nu sind die Insekten auf Ihren Schuhen und krabbeln die Hosenbeine empor – auch innen. Was ein Biss in den Schritt bedeutet, können Sie sich leicht ausmalen.

Und wie sieht es mit der Jagd aus? Abgesehen davon, dass Sie dazu einen Jagdschein brauchen und auch einen Erlaubnisschein für das Gebiet, in dem Sie sich aufhalten, sind die Chancen, damit ernährungstechnisch zu überleben, eher gering. Es kann Tage dauern, bevor Sie etwas vor das Zielfernrohr bekommen, und inzwischen sind Sie vielleicht schon längst entkräftet. Dazu stellt sich dieselbe Frage wie bei dem Braten von Larven: Wer schleppt grundsätzlich ein Gewehr mit durch die Gegend, um im Krisenfall Nahrung besorgen zu können? Nein, der Griff zu den kleinen Tieren ist wesentlich sicherer und ergiebiger. Und wenn man gar keine Tiere töten und essen mag? Dann wird es neben dem Kambium ganz schön eng. Bucheckern sind geröstet (nicht roh!) eine Delikatesse, doch die gibt's nur alle drei bis fünf Jahre im Herbst. Da die Samen rund fünfzig Prozent Öl enthalten, kann man damit gut über die Runden kommen. Eicheln sind grundsätzlich giftig. Doch geschält, mehrfach gekocht, mit mehrmaligem Wasserwechsel und dadurch von Gerbsäuren befreit, darf man die Kalorienbomben verzehren. Sie können getrocknet und gemahlen sogar als Mehlersatz dienen; da Eichen allerdings ebenfalls nur alle drei bis fünf Jahre fruchten, müssen Sie schon viel Glück haben, um ausreichende Mengen zu finden.

Wurzeln wilder Kräuter bieten sich an, wie etwa vom Löwenzahn. Die bleichen, dünnen Speicherorgane müssen gründlich gewaschen werden, und trotzdem knirscht es noch zwischen den Zähnen. In kleine Scheiben geschnitten, vorsichtig geröstet und mit einer Tasse in der Pfanne zu Pulver zermahlen, kann man daraus eine Art Caro-Kaffee brühen. Er ist braun, schmeckt süßlich-bitter und erinnert ein wenig an das traute Zuhause, zumindest nach einigen Tagen Abwesenheit.

Pilze sind ohne Öl und Butter nicht viel wert, denn ihr Kaloriengehalt tendiert gegen null. Genauer gesagt kann unser Körper sie kaum aufschließen, weshalb sie nur halb verdaut wieder ausgeschieden werden. Und Beeren? Klingt die Vorstellung nicht traumhaft, sich den ganzen Tag süße Brombeeren und kleine, aromatische Walderdbeeren in den Mund zu stopfen? Ich habe das bei einem Survivaltrip genau so erlebt. Es war ein sehr heißer Sommertag im Juli. Die ganze Gruppe durchstreifte eine Lichtung, die mit Brombeeren überwuchert war. An den Sträuchern hingen große, schwarz glänzende Früchte, die überreif waren. Hurra! Schnell wurde alles stehen und liegen gelassen, und es hieß zwei Stunden lang den Magen füllen. Doch der war weitere zwei Stunden später bei den meisten Teilnehmern schon wieder leer. Die große Menge an Fruchtsäure hatte den Bauch anscheinend überfordert, sodass sich etliche übergeben mussten.

Vor der Nahrung kommt der Durst. Wasser ist das wichtigste Lebensmittel, welches Sie innerhalb von drei Tagen finden müssen – sonst ist es aus. Ich weiß, den Fall des Verdurstens werden wir in Mitteleuropa nicht erleben, doch es ist ja nur ein Gedankenexperiment, welches vielleicht hier und da bei einer Wanderung nützlich sein kann. Als ich vor Jahren im englischen Lake District wanderte, hätten wir alles für sauberes Quellwasser gegeben. In unserer kleinen Bed-and-Breakfast-Pension hatte man uns für jedes Familienmitglied ein liebevolles Lunchpaket zurechtgemacht. Das wanderte in unseren Tagesrucksack, und bei der ersten Rast hoch oben im Gebirge kam dann die Überraschung: Das Essen reichte aus, doch pro Person war nur ein Trinktütchen mit Apfelsaft dabei. Mein Fehler; da hätte ich auch beim Frühstück einmal reinschauen können, um das zu überprüfen. So aber waren die Tütchen schnell geleert, und danach folgte eine lange Wanderung mit zunehmend quälendem Durst. Nicht, dass es nicht genügend gurgelnde Bergbäche gegeben hätte. Alle Viertelstunde passierten wir so ein Gewässer. Doch mit uns und um uns herum waren Tausende von Schafen in den Bergen, die leider überall auch in die Bäche koteten – schade! So überfielen wir im Tal das erste Café und bestellten erst einmal reichlich Wasser und Limonade.

Wenn Sie Glück haben, treffen Sie bei Ihrer Wanderung auf echte Waldbäche, so sie denn wirklich welche sind. Entspringen die Rinnsale unter Bäumen und erblicken nicht in einer verkoteten Viehweide das Licht der Welt, können Sie meist tatsächlich daraus trinken. Manchmal hilft sogar die Flurbezeichnung dabei, ungeeignetes Wasser zu entlarven. In einem meiner Ausbildungsreviere hieß das Umfeld eines solchen Eifelbächleins »Em Dünndrisser« (Dünndrisser = Mensch, der Durchfall hat). Da hatten wohl schon vor Jahrhunderten Waldarbeiter schlechte Erfahrungen gemacht. Doch wer hat schon die Flurnamen zur Hand, wenn er durch die Wälder wandert? Davon abgesehen kann sich seither auch die Qualität geändert haben. Da ist es einfacher, einen Blick unter Wasser zu werfen. Die kleinen Tiere, die dort zu Hause sind, verraten nämlich ebenfalls etwas über die Güte. Da wären etwa Steinfliegenlarven. Die Insekten leben die meiste Zeit ihres Lebens (rund ein Jahr) in Bächen, bevor sie ins Trockene klettern, sich häuten und für einige Tage umherfliegen. Dann paaren sie sich, legen Eier und sterben. Die Larven jedoch krabbeln träge am Bachgrund und sind besonders gut unter Steinen zu finden. Dort sitzen die flachen, grau-braunen Wesen mit drei Beinpaaren und zwei langen Schwanzfäden und lassen sich zusammen mit dem Stein aus dem Wasser heben und begutachten.

Ein weiterer guter Indikator sind die Larven von Salamandern. Sie sehen eher aus wie Molche, kleine, zarte vierbeinige Wesen mit einem langen Schwanz, und lassen – im Gegensatz zu Molchen – ganz schwach dunkle Flecken auf der Haut und einen hellgelb gefärbten Beinansatz erkennen. Diese Salamanderkinder brauchen sehr sauberes Bachwasser, einer der Gründe dafür, warum sie so selten geworden sind. Bei uns am Haus finden sich regelmäßig erwachsene Tiere ein, vor allem nach einem nächtlichen Regenschauer. Dann gehen sie auf die Jagd nach Schnecken und anderen Kleintieren. Wenn wir spätabends von einem Besuch bei Freunden zurückkehren, müssen wir auf der Einfahrt immer besonders vorsichtig sein, um keines der Tiere unabsichtlich zu zertreten. Falls Sie bei sich zu Hause auch solche regelmäßigen Besuche haben oder an bestimmten Stellen im Wald auf die Lurche treffen, können Sie eine kleine fotografische Datei anlegen. Salamander haben nämlich eine individuelle und unverwechselbare Gelb-Schwarz-Färbung; anhand der Flecken und Streifen lässt sich jedes Tier auch noch nach Jahren einwandfrei identifizieren. Und es können viele Jahre sein, denn

Salamander werden mehrere Jahrzehnte alt (in Gefangenschaft bis zu fünfzig Jahre). Ein Fotoregister lohnt sich also und hilft, alte Bekannte zu identifizieren.

Irgendwann wird es kalt, selbst im Sommer, und zwar spätestens dann, wenn sich die Nacht über den Wald senkt. Nun wäre es schön, ein Feuer zu haben, denn frieren ist mindestens so schlimm wie hungern. Liest man, wie leicht sich Waldbrände entfachen lassen, sollte man ein Lagerfeuer ohne großen Aufwand entzünden können. Weit gefehlt – so einfach ist das oft nicht, ganz speziell bei Regenwetter. Die kalten Tropfen haben alles durchfeuchtet, zudem geht ein leichter Wind, der die Flamme am Feuerzeug gleich ausbläst. Feuerzeug? Wenn Sie mögen, können Sie es etwas archaischer gestalten. Die Vorbereitung ist aufwendiger, das Entzünden im Wald geht dafür um so flotter.

Zunächst brauchen Sie eine alte Eisbonbon-Dose (aus Blech), in deren Deckel Sie mit einem Nagel ein Loch bohren. In die Dose füllen Sie kleine Schnipsel aus Baumwollgewebe wie etwa von alten Unterhemden. Diese Dose stellen Sie beim nächsten Grillen an den Rand der Glut und warten ab. Zunächst zeigt sich eine kleine weiße Dampffahne, die später verschwindet. Nun können Sie die geschlossene Dose zum Abkühlen beiseitestellen. Im Inneren befinden sich jetzt verkohlte Läppchen – fertig. Für den Gang in den Wald brauchen Sie jetzt noch einen Feuerstein, wie man ihn zum Beispiel an vielen Stränden findet. Und ganz zum Schluss noch ein Stück kohlenstoffhaltigen Stahl, der im Idealfall zu einem Bügel geschmiedet wurde, der sich außen um die Faust legt. So etwas können Sie im Internet bestellen oder auf Trödelmärkten erwerben. Nun fehlt noch etwas Hanf (gibt es zum Abdichten im Baumarkt), und Ihre Ausrüstung sieht so aus wie vor 2000 Jahren, denn so machte man auch damals schon Feuer. Zum Entzünden nehmen Sie den Stahl in die eine Hand (Bügel außen um die Finger), ein Stückchen Feuerstein in die andere. Auf den Feuerstein kommt noch ein verkohltes Stoffläppchen, welches Sie mit dem Daumen auf den Stein klemmen können. Nun schlagen Sie mit dem Stahl in einer streichenden Bewegung an einer scharfen Kante des Steins herunter, wodurch Funken entstehen. Ziel ist es, einen Funken in das Stoffläppchen abzuschlagen, wo sich die Glut in den Fasern ausbreitet. Diese Glut packen Sie nun in ein Bällchen auseinandergezupften Hanfs und blasen sanft und stetig, bis die Glut mehr und mehr wird und schließlich plötzlich zu Flammen wird. Rasch werden dünne Zweige darüber gehäuft, und schon ist das Lagerfeuer in Gang. Mit ein wenig Übung gelingt das Anzünden auf diese archaische Weise sehr zuverlässig, und natürlich eignet es sich nicht nur für Extremsituationen. Ein Feuer für Stockbrote oder Würstchen lässt sich so unterwegs spannend entzünden, und speziell für Kinder ist das immer wieder ein Highlight.

Bei nasser Witterung taucht schnell ein Problem auf: Woher sollen Sie trockenes Holz bekommen? Alles Geäst am Boden ist mit Wasser vorangegangener Regenfälle durchtränkt, und selbst das heftigst brennende Hanfbällchen kann nur ein kurzes Qualmen bewirken, bevor alles wieder verlöscht. Abhilfe wächst an den Bäumen, speziell immergrünen Nadelbäumen wie Fichten oder Kiefern. Durch ihre dachartige Aststruktur bleiben die Stämme meist trocken, und hier finden Sie dünne, abgestorbene Zweige in Hülle und Fülle. Sie brennen selbst nach tagelangen Schlechtwetterperioden, und ist mit ihrer Hilfe erst einmal ein Feuer entfacht, können Sie auch feuchtere Äste darauflegen.

Grundsätzlich sollten Sie ein Feuer nur auf einem zuvor freigelegten Boden entzünden. Dazu kratzen Sie sämtliche Nadeln, Laub und Humus weg und umranden das Ganze im Idealfall sogar noch mit Steinen. Denn während die obere Schicht durch Regen oft gut durchtränkt und damit sicher ist, kann es tiefer unten knochentrockene Partien geben. Speziell unter Moos finden Sie leicht entzündbare Pflanzenreste. So musste ich einmal im Winter bei Regen hinaus ins Revier fahren, um glimmende Reste eines Feuers zu löschen, welches Wanderer nach einer Rast hinterlassen hatten. Dazu hatte ich einen Zwanzig-Liter-Kanister Wasser dabei, und der reichte nicht, wie sich schnell herausstellte. Obwohl die Glutfläche kaum einen halben Meter Durchmesser hatte, fraß sie sich unter der nassen Moosschicht immer weiter. Diese wirkte wie ein imprägniertes Dach und leitete das Löschwasser ab. Erst durch das komplette Freilegen der Fläche gelang es mir, dem Spiel ein Ende zu machen. Und daran sollten wir bei aller Freude im Wald denken: Wenn wir gehen, muss jedes Feuer zuverlässig aus sein.

Es ist alles nach Plan gelaufen, Sie haben genügend Nahrung gefunden und sich den Bauch so richtig vollschlagen können. Magen und Darm laufen auf Hochtouren, und irgendwann möchte das alles wieder hinaus. Doch wer will schon sein großes Geschäft verrichten, wenn es kein Klopapier gibt? Die ungewohnte Kost sorgt zusätzlich für Probleme, weil der Stuhl, nun, sagen wir es unverblümt, ganz schön dünn ist. Aber auch hier hat die Natur Hilfe anzubieten. Es sind die zarten Moospolster, die bevorzugt auf alten Baumstümpfen wachsen. Sie lassen sich wie Lappen abheben, und da sie eine ähnliche Reißfestigkeit wie Klopapier aufweisen, können Sie sie auch genau so verwenden. Wenn es zuvor einen Regenschauer gegeben hat oder am Morgen noch alles leicht taufeucht ist, verwandelt sich dieses Pflanzengewebe sogar in komfortable Feuchttücher. Als freundliche Geste für andere Wanderer wäre es schön, die Hinterlassenschaften anschließend zu vergraben.

Den Ort für dass stille Geschäft sollten Sie mit Bedacht wählen. Und damit meine ich nicht nur die Wildkameras der Jäger, die hinterher in Waidmannskreisen für lustige Stunden sorgen, nein, es sind eher die kleinen Plagegeister, die Sie berücksichtigen sollten. Ist die Hose herabgelassen und eine gewisse Hilflosigkeit erreicht, stürzen sich kleine Mücken und Gnitzen besonders gern auf die blanke Haut. Zumindest dann, wenn das betreffende Waldstück in einer feuchten Senke liegt und leicht sonnenbeschienen ist. Besser geeignet sind schattige Areale, möglichst auf einer Kuppe oder zumindest im Oberhang eines Berges. Ganz ideal ist die Situation bei starkem Wind – den können die kleinen Flieger nicht leiden, und sie sind wie weggeblasen.

Der Verdauungsapparat ist gefüllt und wieder entleert, und darüber ist der ganze Tag verstrichen. Es sind ja immer nur kleine und kleinste Häppchen, die Sie finden können, und um satt zu werden, muss stundenlang gesucht werden. Doch bevor sich der Tag endgültig dem Ende zuneigt, gilt es noch die Frage nach der Nachtruhe zu beantworten. Falls Sie eine Axt dabeihaben, können Sie nun eine Fichte (wahlweise Douglasie oder Tanne) fällen. Anschließend werden die grünen Äste abgehackt, denn diese sind es, die wir zum Bettenbau benötigen. Das Grünzeug wird so auf den Boden gelegt, dass die Biegung nach oben zeigt – so federt das Holz wie ein Lattenrost. Die dicke »Mittelrippe« des Astes wird links und rechts als eine Art enge Bettkante gelegt, sodass sich die weichen Seitenzweige im Inneren überlappen. Je dicker gestapelt wird, desto bequemer liegen Sie nachts.

Und es lohnt sich, sorgfältig zu sein! Schon oft haben Teilnehmer trotz Erklärung lieblose Unterlagen gebaut, indem sie die Äste kreuz und quer übereinanderwarfen. Das rächte sich nachts, denn die daumendicken Hölzer bohren sich so in den Rücken, dass man wie die Prinzessin auf der Erbse kein Auge zumachen kann. Liegt dagegen alles fachgerecht, bildet sich eine Art Wanne, von der die Schläfer sicher umfangen sind. Das ist wichtig, denn irgendwie gibt es immer ein kleines Gefälle. Es sorgt dafür, dass man nachts langsam, aber sicher mit jedem Umdrehen ein Stückchen weiter aus dem Bett rutscht und morgens dann auf dem blanken Boden aufwacht. Die Bettränder hingegen halten den Körper immer schön in der Mitte, und so lässt es sich entspannt träumen. Nur das Einschlafen will nicht immer gleich gelingen, was an den Geräuschen liegt. Damit meine ich nicht ein einsames Käuzchen – das verstummt meist vor Mitternacht. Nein, es sind Käfer und andere Insekten, die raschelnd in dem Astwerk umherirren. Leider auch unter dem Kopf, sodass man schon sehr müde sein muss, um schließlich irgendwann die Augen zu schließen.

Das Überleben im Wald ist also kein Zuckerschlecken, das Nahrungsangebot im Notfall äußerst dünn. Kein Wunder, dass in Zeiten der Jäger und Sammler Deutschland mit wenigen zehntausend Menschen vollständig besiedelt war. Wälder sind für große Säugetiere (und dazu gehören wir ja auch) keine prall gefüllten Supermärkte. Sie müssen weite Strecken laufen, um etwas Nahrung zu finden. Daher haben etwa Wildkatzen Reviergrößen von mehreren Quadratkilometern, weil sie sonst nicht genügend Mäuse finden. Der größere Luchs braucht schon hundert Quadratkilometer, um satt zu werden. Und wir? Während unsere Vorfahren noch mindestens zehn Quadratkilometer Wald pro Person benötigten, drängeln wir uns heute je nach Staat dermaßen, dass unsere »Reviere« im Durchschnitt nur noch rund 0,004 Quadratkilometer (4000 Quadratmeter) groß sind. Auf dieser kleinen Fläche wohnen wir, arbeiten wir, werden anteilig Straßen, Gleise, Verwaltungen,

Geschäfte, Ackerflächen und Wälder angelegt, um uns zu versorgen. Wir bringen also mittlerweile 2000 Menschen auf der Fläche unter, die einen unserer Ahnen ernährte. Für mich ist das ein schönes Beispiel dafür, wie weit wir uns schon von der Natur abgekoppelt haben. Und mit Ihrem kleinen privaten Survivalabenteuer können Sie nachvollziehen, wie weit uns die Zivilisation schon von unseren Wurzeln und unserem ursprünglichen Geschmacksempfinden entfernt hat.

Wenn der Förster zum Bestatter wird

Ich hätte mir niemals träumen lassen, dass ich irgendwann einmal Menschen in den alten Buchenwäldern meines Reviers beerdigen lassen würde. Und dennoch haben hier inzwischen über 4000 Beisetzungen stattgefunden. Auslöser war die Planung der staatlichen Forstbehörden, die alten Bäume abzuholzen und durch nordamerikanische Douglasien zu ersetzen. Bis dato hatte sich die Gemeinde erfolgreich widersetzt, doch meine Sorgen blieben. Immerhin war ich damals noch Landesbeamter, konnte mir mein Vorgesetzter mithin anordnen, die Gemeinde von der Abholzung der alten Bäume zu überzeugen. Und selbst wenn ich mich geweigert hätte, wäre noch nichts gewonnen gewesen. Was, wenn sich dereinst ein Nachfolger weniger standhaft zeigte und den Motorsägen freien Lauf ließe? Solch uralte Bestände schmelzen wie Schnee in der Sonne, weil sie immer noch abgeholzt werden, um die Holzindustrie mit Rohstoffen zu versorgen. War Deutschland ursprünglich fast vollständig von Buchenurwäldern bedeckt, so ist heute nur noch etwa ein Promille alter, halbwegs intakter Buchenwälder übrig geblieben. Und die Gemeinde

Hümmel, meine Arbeitgeberin, hat immerhin noch hundert Hektar dieser ökologischen Schätze, das entspricht fünfzehn Prozent der örtlichen Waldfläche. Mein Wunsch war, dass dies so bleiben möge.

Da kam mir eine Information von Kollegen zupass, die sich abends nach einer Exkursion im Schwarzwald bei einem Bier über merkwürdige Dinge in einem hessischen Forst unterhielten. Dort würden neuerdings Urnen vergraben, der Förster sei zum Totengräber degradiert. Herzhaftes Gelächter begleitete diese Anekdote, die mich jedoch aufhorchen ließ. Wäre das nicht die Rettung? Eine Umwandlung des Waldes in einen Friedhof, der Verkauf der alten Buchen als lebende Grabsteine? Gleich am nächsten Tag wurde ich beim Hümmeler Bürgermeister vorstellig und erzählte von den neuen Perspektiven. Rudi fand die Idee nicht schlecht, und so setzten wir das Projekt in den folgenden Monaten um. Wir wollten den alten Buchenwald »Im Stucks« schützen, und um die Natur nicht zu stören, sollten keine neuen Wege oder Parkplätze angelegt werden. Für die Pkws von Besuchern wurde ein alter Holzlagerplatz hergerichtet, die Zuwegung aus alten Waldwegen mit ein wenig Schotter rollstuhltauglich gemacht – fertig war der Bestattungswald. Oder nicht ganz, denn nun ging es ans Einmessen der Bäume. Jeder Stamm musste auf den Zentimeter genau erfasst und in eine Karte übertragen werden, um ihn herum wurden zehn potenzielle Urnengräber festgelegt. Die alten Buchen und Eichen erhielten ein kleines Metallplättchen mit Nummer, zudem wurde pro Baum ein kleines Namensschild im Scheckkartenformat zugelassen, auf dem alle Bestatteten genannt werden können.

Die ersten Besucher waren angenehm berührt und fanden die Idee, hier einen Ort für die Ewigkeit zu finden, großartig. Weniger großartig waren die Kommentare der katholischen Kirche, die sich mit dem Thema sehr schwertat. Rasch wurden Presse und Rundfunk auf diesen Konflikt aufmerksam, und so erhielten wir unfreiwillig Werbung in großem Maßstab. Ursache des Ärgers war der Gedanke, dass der Baum mit seinen Wurzeln die Asche aufnimmt und diese zurück in den Kreislauf der Natur kommt. So sei eine Auferstehung nicht möglich, sagten Vertreter des Bistums. Und wie ist das bei Erdbestattungen? Auch die Toten in den Särgen sind irgendwann verwest, was nichts anderes bedeutet, als durch Organismen abgebaut zu werden – und damit in den Kreislauf der Natur zurückzukehren. Die katholische Kirche korrigierte ihre Sichtweise dann auch, sodass entsprechende Beisetzungen mit priesterlichem Beistand offiziell durch die Deutsche Bischofskonferenz zugelassen sind. Und nicht nur dass: Mittlerweile betreiben erste katholische Kirchengemeinden selbst sogenannte »Gotteswälder« und sind damit nur Zweite, weil evangelische Einrichtungen schon Jahre zuvor am Start waren. Ich bin froh, dass dieses Gezerre endlich vorbei ist, denn darunter hatten vor allem die Angehörigen zu leiden gehabt. War theologischer Beistand gewünscht, so musste entweder ein freier Prediger, ein evangelischer Pfarrer oder ein rebellischer katholischer Geistlicher um Mitwirkung gebeten werden. Ein solcher Rebell war in den Anfangsjahren auch in Hümmel so human, niemanden mit entsprechenden Bedürfnissen alleinzulassen, bis er eines Tages Knall auf Fall versetzt wurde. Heute regt sich niemand mehr über Bestattungswälder auf, ganz im Gegenteil: Sie haben sich als fester Bestandteil der Beerdigungskultur etabliert. Hunderte solcher Anlagen sind über Deutschland, Österreich und die Schweiz verteilt.

Und wie funktioniert das Ganze? Zunächst einmal werden in praktisch allen Bestattungswäldern kostenlose Infoführungen angeboten. Gefällt Ihnen der Wald, möchten

Sie einen Baum erwerben, können Sie eine individuelle Führung vereinbaren. Der Förster zeigt die freien Bäume, geht auf spezielle Wünsche ein und reserviert Ihren Wunschkandidaten. Im Büro werden dann die Verträge aufgesetzt und Ihnen zur Unterschrift zugeschickt. Ein Lageplan komplettiert die Unterlagen, und schon haben Sie für 99 Jahre Ruhe. Zumindest der Vertrag läuft so lange, und wenn der medizinische Fortschritt keine unerwarteten Sprünge macht, sollte die Zeitspanne für jeden heute lebenden Erwachsenen ausreichend sein.

Die Pacht ist erledigt, und irgendwann kommt der Tag X: Eine Beisetzung steht an. Dazu ist zunächst eine Einäscherung erforderlich, zwecks derer Sie einen Bestatter einschalten müssen. Bei ihm muss zusätzlich ein Verbrennungssarg bestellt werden (ja, der ist aus technischen Gründen wirklich erforderlich), und dann ist das Krematorium am Zug. Anschließend können Sie beziehungsweise ein anderer Verwandter die Urne selbst abholen – das erlauben zumindest einige Bundesländer. Ansonsten bliebe noch der Transport durch den Bestatter oder, besonders preiswert, die Post. Denken Sie jetzt auch an verloren gegangene Pakete? Ich habe noch keinen Fall erlebt und auch von keinem gehört, bei dem dies passiert ist. Vielleicht liegt es an dem Aufkleber »Urne«, der gut sichtbar als bedrucktes Klebeband angebracht ist. Wenn Sie demnächst also Wertsendungen zu verschicken haben, kennen Sie jetzt einen Sicherheitstrick …

Die Urne ist da, das Grab ausgehoben und mit grünen Fichtenzweigen geschmückt. Die Beisetzung kann nun genau so ablaufen, wie es sich die Angehörigen (oder der Verstorbene) vorgestellt haben. Das kann ganz anders aussehen als auf einem herkömmlichen Friedhof. Da wäre etwa der Mann, der im tief verschneiten Wald seine Frau ganz alleine, ohne Trauergäste, beisetzt. Oder die Familie eines lustigen Kölners, der verfügt hatte: »An meinem Grab wird nicht getrauert, sondern angestoßen!« Also schleppte die Verwandtschaft ein Fässchen Kölsch zum Grab und zapfte dort für jeden Gast ein Glas Bier. Natürlich gibt es auch ganz traditionelle Abläufe. Ob mit Trauerredner oder Pfarrer, mit Musik oder Gedichten, wichtig ist, dass jeder so Abschied nehmen kann, wie er will.

Ist die Urne im Grab und die Gesellschaft auf dem Heimweg, wird die Öffnung wieder verschlossen. Schon nach wenigen Minuten kann man die Stelle nicht mehr vom übrigen Waldboden unterscheiden, und so soll es auch sein. Schließlich ist der Ruheforst ein Schutzgebiet, und hier steht die Natur im Vordergrund. Eine Grabpflege ist weder erwünscht noch nötig, sodass man anschließend Zeit und Geld spart.

Anfangs lautete ein viel geäußerter Vorwurf: »Da werden Menschen irgendwo im Wald verbuddelt, und niemand kommt sie mehr besuchen.« Tatsächlich ist es ganz anders gekommen. Zwar rückt niemand mehr mit Blumen und Gießkannen an, dafür aber mit Kind und Kegel. Wie zu Lebzeiten werden Oma und Opa sonntags besucht, indem man nach Hümmel in der Eifel fährt. Ein schöner Waldspaziergang zu den Gräbern, bei dem die Kinder im Wald spielen können und sogar der Hund dabei sein kann, man anschließend vielleicht noch Kaffee und Kuchen in einem nahe gelegenen Gasthaus trinkt – so hat ein Friedhofsbesuch nichts Beklemmendes mehr.

Und der Wald? Schaden die Beisetzungen den Bäumen? Eine kniffelige Frage, die ich mir von Beginn an immer wieder gestellt habe. Da wären die Gräber: Bis zu zehn werden rings um jeden Stamm achtzig Zentimeter tief gegraben. Damit wird der empfindliche Waldboden gestört, wenn auch nur auf kleinen Stellen. Wir heben die Erde lediglich mit Scherenspaten aus, die wie ein Bagger vorsichtig den Boden nach oben befördern. Maschinen kommen nicht infrage, um den Boden nicht zu verdichten und um Lärm zu vermeiden. Nach der Beisetzung werden die Bodenschichten wieder so zurückgeschaufelt, wie sie zuvor von Natur aus gelegen haben. Ganz original ist das alles dann aber trotzdem nicht mehr, zudem liegt ja auch noch eine Urne mit im Grab. Die Gräber werden im Abstand von zwei Metern zum Stamm gesetzt, damit bei den Grabearbeiten keine dicken Wurzeln verletzt werden. Würde man die zehn Gräber direkt am Stammfuß anlegen, so käme dies einer Fällung gleich.

Apropos Fällung: Jeder Bestattungswaldträger haftet für erkennbare Gefahren, die von den Bäumen ausgehen können. Morsche Äste in den Kronen? Können bei einem kleinen Windhauch herabfallen und Besucher verletzten. Verwundete Stämme mit Pilzbefall? Können umfallen und mehr als nur Kopfschmerzen verursachen. »Verkehrssicherungspflicht« heißt das Schreckgespenst, und um drohende Schäden sowie gerichtliche Klagen zu vermeiden, wird in Bestattungswäldern herzhaft aufgeräumt. Jeder nur halbwegs unsichere Baum wird gefällt, die Krone zu unauffälligen Hackschnitzeln zerkleinert, und damit werden die vielen Pfade bestreut. Die Besucher wünschen ja unberührte Natur, daher stören die Spuren der Holzernte. Und es ist eine Holzernte, denn die Stämme werden an das nächste Sägewerk oder an Brennholzkunden verkauft. Wie war das noch mit der Asche, die in den Kreislauf der Natur zurückkehrt? Nach solchen Maßnahmen landet sie indirekt in Möbeln oder ein zweites Mal im Ofen.

Es gibt allerdings Alternativen, doch die sind viel teurer. In Hümmel werden dazu alle Bäume mehrmals jährlich kontrolliert, und sollte sich eine Gefahr ergeben, rücken Baumsteiger an. Sie klettern schonend an Seilen in die Kronen hinauf und entfernen tote Äste. Sollte einmal ein

Baum ganz absterben, so wird er nicht gefällt, sondern nur die Krone gekappt. Von Natur aus würde ein solcher Stamm in der Mitte brechen, ein langer Stumpf bliebe stehen. Die Baumsteiger imitieren diese Vorgänge, indem der Stamm ebenfalls stehend belassen wird und die Krone zu seinen Füßen verrotten darf. Die Eingriffe unterscheiden sich kaum von dem, was die Natur hier veranstalten würde; der einzige Haken ist: Das kostet sehr viel Geld, und zwar über die gesamte Laufzeit von hundert Jahren. Während bei der Billigvariante die »Pflege« über die Holzverkäufe finanziert werden kann, müssen für die naturschutzkonforme Version große Rückstellungen gebildet werden. Doch welche Kommune verfügt heute noch über einen soliden Haushalt und kann wirklich Geld auf die hohe Kante legen?

Um die Eingangs gestellte Frage zu beantworten, bliebe zu sagen, dass die Bäume dann leiden, wenn aus Kostengründen der Wald zum Park zurechtgestutzt wird.

Und die Urnen nebst Inhalt? Ein heikles Thema – wer möchte schon darüber nachdenken, ob die Asche seiner Liebsten den Wald schädigt? Auf dem Markt (ja, es gibt auch einen Markt für Urnen) werden verschiedenste Modelle aus Biorohstoffen angeboten. Sei es aus Maismehl, Holz oder anderen organischen Substanzen; Resultat ist meist ein kunststoffähnliches Produkt, welches im Boden rasch verwittert, wie die Hersteller beteuern. Das habe ich zumindest geglaubt, bis wir vier Jahre nach der Eröffnung des Ruheforstes Hümmel einen Antrag auf Exhumierung auf den Schreibtisch bekamen. Exhumierung? Wie soll das bei zersetzbaren Urnen gehen? Egal, die Familie wollte die sterblichen Überreste an einen anderen Ort überführen, der Antrag wurde von der zuständigen Behörde genehmigt, und so musste mein Mitarbeiter zur Schaufel greifen. Aus dem Boden kam zu unser aller Überraschung eine nahezu unversehrte Urne; lediglich der farbige Lack hatte Blasen geworfen. Gut für die Familie, die die Urne überführen wollte, schlecht für den Wald, dessen Boden wir ja nicht verändern wollten. Seit diesem Zeitpunkt dürfen unter den alten Bäumen nur noch Behältnisse aus unbehandeltem Buchenholz, verklebt mit Naturleim, beigesetzt werden. Dieser Leim löst sich allein durch die Feuchtigkeit, sodass die Urne aufgeht und die Asche in den Kreislauf der Natur zurückkehren kann. Das Holz selbst braucht vielleicht einige Jahre oder gar Jahrzehnte und verhält sich damit wie abgestorbene Wurzeln, also völlig unschädlich für den Wald.

Und die Asche? Viele Menschen glauben, dass in der Urne ohnehin hauptsächlich Asche vom Sarg enthalten ist. Tatsächlich verhält es sich genau anders herum. Der größte Anteil stammt vom Menschen (nämlich Knochen), ein winziger Rest vom Sargholz. So weit wäre also Entwarnung zu geben. Doch wenn es eine kranke Person war, was ist dann mit Schadstoffen? Schließlich nehmen wir in solchen Fällen so viele Medikamente auf und tragen vielleicht noch Altlasten in unserem Gewebe, dass sich auch in der Asche entsprechende Konzentrationen finden müssten. Nach Aussage der Krematorien ist dies nicht der Fall. Giftige Schwermetalle wie Quecksilber (die Amalgamplomben lassen grüßen) würden mit der Abluft ausgefiltert, zurück bleibe fast reiner Knochenkalk. Doch gegen diese Aussage regt sich Widerspruch. Giftiges Chrom 6 entstehe und verseuche das Bodenwasser, so hörte ich vor Jahren. Betreiber von Bestattungswäldern gingen dem nach und stießen auf Personen mit Interessenkonflikten. Waldbestattungen machen schließlich ganze Gewerbe arbeitslos. Friedhofsgärtner und Steinmetze haben hier kein Betätigungsfeld mehr, ganz zu schweigen von Sargherstellern. Wäre es da nicht schön, man könnte solche Naturbegräbnisse zu Fall bringen? Und doch bleibt ein leiser Hauch des Zweifels. Auch bei einer reinen Holzverbrennung entsteht diese giftige Schwermetallverbindung, die sich nach aktuellem Kenntnisstand im Freiland jedoch relativ rasch zu harmloseren Varianten abbaut. Ich werde die weitere Forschung zu diesem Thema im Auge behalten, denn schließlich geht es mir auch um den Schutz der alten Bäume, die bei all den Fragen rund um die Beisetzungen nicht ins Hintertreffen geraten sollen.

Grabbeigaben und Grabpflege sind in Hümmel untersagt. In das Grab hinein dürfen bei der Beisetzung einzig Dinge wie Kieselsteine oder Muscheln, etwa aus einem gemeinsamen Urlaub. Im Umfeld können während der Zeremonie Blumen abgelegt, Kerzen angezündet oder Musik abgespielt werden – wie bei jeder konventionellen Beerdigung auch. Wenn die Angehörigen gegangen sind, sammelt mein Mitarbeiter die Blumen ein und bringt sie zur kleinen Andachtstelle vor dem Ruheforst.

Die Geschichte der Bestattungen hat im Übrigen mehr mit dem Wald zu tun, als man meint. Die Erdbestattung in Särgen kam zusammen mit dem Christentum in unsere Breiten. Zuvor hatten Germanen und später die Römer ihre Toten verbrannt; Letztere benutzten für die Asche bereits Urnen. Das Christentum stammt in seinen Wurzeln jedoch aus dem Nahen Osten, und dort ist Holz Mangelware. Etliche Raummeter waren für jede Einäscherung erforderlich; das konnte man sich dort aufgrund der wenigen verfügbaren Bäume nicht leisten. Da war ein Sarg, der nur einen Bruchteil des kostbaren Rohstoffs verbrauchte, viel billiger. Mit der neuen Religion kam auch der entsprechende Beisetzungsbrauch zu uns, der hier eigentlich keinen Sinn machte. Insofern sind Ruheforste mit der vorhergehenden Feuerbestattung nichts anderes als die Rückkehr der früher verbreiteten Waldbestattungen – ein schöner Gedanke, wie ich finde.

Was macht der Ruheforst mit den Menschen? Diese Frage ist mittlerweile die wichtigste für mich. Der Wald vermittelt vor allem eines: Ruhe. Mehrfach schon habe ich das Feedback von Besuchern bekommen, dass sie den Weg vom Parkplatz durch einen Fichtenwald hindurch zu den alten Buchen hinuntergingen und sich, als sie unter den alten Laubbäumen angekommen waren, plötzlich zu Hause fühlten. Woran das liegt, weiß ich nicht, und auch die Besucher konnten das nicht erklären. Vielleicht ist es der intakte Wald, der völlig im Gleichgewicht mit sich und der Umwelt steht. Möglicherweise haben wir Menschen noch ein fast verschüttetes Gespür dafür, ob es sich um ein gesundes Ökosystem handelt oder um ein gestörtes (wie die Fichtenplantagen). In grauer Vorzeit mag so etwas wichtig gewesen sein, denn intakte Wälder bieten mehr Sicherheit vor Unwettern und weisen auch mehr Nahrungsreserven auf.

Die Auswahl des passenden Baumes ist oft eine heitere Angelegenheit, zumindest dann, wenn es um eine vorsorgliche Pacht geht. Da wird schon mal vom Probeliegen gesprochen, oder von fröhlichen Skatrunden, die man dereinst hier in der Ewigkeit abhalten möchte. Frauen wünschen sich oft ein sonniges Plätzchen, weil sie im Leben so oft kalte Füße haben; bei manchen Männern spielt der kleine Bach eine Rolle, weil sie so gerne angeln gehen.

Oft ist die Baumauswahl eine Befreiung für die Menschen. Ich brachte einmal ein altes Ehepaar, beide weit jenseits der achtzig, in den Ruheforst. Beide waren so krank, dass sie nur noch wenige Wochen zu leben hatten. An Laufen war nicht mehr zu denken, sodass ich beide auf dem Hauptweg in meinem Geländewagen kutschierte. Im Schritttempo ging es an den dicken Stämmen entlang, und bei der mächtigsten Mutterbuche des Waldes hielten wir an – diesen Platz schlossen beide sofort in ihr Herz. Hier kauften sie zwei Grabstätten, und nachdem wir wieder auf dem Parkplatz eingetroffen waren, sagten mir beide: »Das war seit Langem der schönste Tag für uns!«

Auch nach der Beisetzung ist der Umgang mit Trauer oft ungewöhnlich. So traf ich eine Frau, die am Baum saß, zu dessen Füßen ihr Mann bestattet worden war. Hier schrieb sie in der hellen Frühlingssonne mit einem glücklichen Lächeln Gedichte. Im Oberhang des Waldes ist ein- bis zweimal pro Jahr ein Motorradfahrer zu sehen. Er sitzt still neben dem Grab seines verunglückten Kumpels, leert auf sein Wohl eine Flasche Bier und ist kurz darauf wieder verschwunden.

Und dann war da noch das Wassereis. Eisstücke auf dem Waldboden sind nicht so selten, doch an einem heißen Julitag hatte ich für meinen Fund keine Erklärung. Ich rätselte wochenlang herum, was das sein könne: etwa eine besonders kalte Sommernacht mit Frost (ja, so etwas gibt es in Ausnahmejahren hier in der Eifel tatsächlich)? Oder hatte hier jemand etwas aus seiner Kühltruhe verloren? Das kam der Wahrheit schon ein wenig näher, doch die wahre Geschichte ist viel rührender. Es war ein einsamer Mann, dessen Frau im Hümmeler Buchenwald ruhte. Grabschmuck ist nicht erlaubt und erwünscht; das respektierte der Witwer auch. Doch kreativ, wie er war, fand er einen Ausweg. Er fertigte zu Hause Herzformen, in die er Wasser goss und sie im Gefrierschrank durchfrieren ließ. Die Eisherzen nahm er mit zum Grab seiner Frau und ließ sie dort in der Sommersonne schmelzen.

Für mich sind diese Erlebnisse tröstend. Denn zu Beginn war ich mir nicht sicher, ob ich das ganze Leid, welches sich um die Begräbnisse rankt, auf Dauer überhaupt ertragen würde. Schließlich ist es nicht alltäglich, dass man sich als (damals) 38-jähriger Förster täglich zwangsläufig mit dem Tod beschäftigt. Heute weiß ich, dass die Atmosphäre des Waldfriedhofs den Menschen bei der Bewältigung ihrer Trauer hilft, und das gibt mir das gute Gefühl, etwas Positives zu bewirken.

Darf der das?

Wem gehört eigentlich der Wald? Wenn ich Grundschüler frage, bekomme ich oft zu hören: »Dir!« So ist es natürlich nicht, doch den meisten Menschen ist das Gefühl abhandengekommen, dass zumindest die öffentlichen Wälder Gemeinschaftseigentum sind. Damit gehören sie tatsächlich auch Ihnen, zumindest anteilsweise. In Deutschland sind immerhin 56 Prozent der Wälder in der Hand von Gemeinden, Städten oder dem Staat. Damit entfallen auf jeden Einwohner rund 800 Quadratmeter, in Österreich und der Schweiz sind es mit 3800 und 1150 sogar noch mehr. Auf den 800 Quadratmetern stehen laut Angaben des Bundesministeriums für Ernährung und Landwirtschaft im Durchschnitt übrigens mehr als tausend Bäume oder besser Bäumchen. Mehr als 99 Prozent sind nämlich sehr jung; richtig große Bäume brauchen 400 Quadratmeter – pro Stück. Wie auch immer, Ihr Waldanteil geht deutlich über »Peanuts« hinaus. Damit nicht jeder etwas anderes macht und der Wald als großes Ökosystem in geordneten Bahnen bewirtschaftet oder geschützt wird, gilt auch hier das Prinzip der Demokratie. Die vom Parlament gestellten Weichen werden von den staatlichen und kommunalen Forstverwaltungen umgesetzt, die Ihre durch Steuergelder bezahlten Dienstleister sind.

Warum ich so auf Binsenweisheiten herumreite? Wegen eines sich verstärkenden Gefühls, dass sich diese Dienstleister nicht in jedem Falle ihrer Rolle bewusst sind. Ein Beispiel: Es herrscht Konsens unter den Parteien Deutschlands, dass fünf Prozent der Waldfläche bis zum Jahr 2020 unter Schutz gestellt werden sollen. Auf diesen Flächen soll kein Holz mehr genutzt werden, die Natur kann hier ihren Lauf nehmen. Da knapp die Hälfte der Waldflächen im Privatbesitz ist, hat man sich darauf verständigt, die Schutzgebiete vorrangig im öffentlichen Wald einzurichten. Das hieße, dass dort zehn Prozent aus dem Verkehr gezogen werden müssten. Nun sollte man meinen, dass die Umsetzung ein Klacks ist, doch weit gefehlt: Noch sind es nicht einmal zwei beziehungsweise vier Prozent, und das wird sich so schnell auch nicht mehr ändern. Grund sind unter anderem die staatlichen Forstverwaltungen, die das Hohelied vom Schutz durch Nutzung singen. Jeder Quadratkilometer, der hier nicht mehr der Holzernte zur Verfügung stünde, würde den Druck auf tropische Wälder erhöhen, da das Holz dann von dort importiert werden müsste, was entsprechende Waldzerstörungen nach sich zöge.

Abgesehen davon, dass wir auch einfach weniger verbrauchen könnten, finde ich das Argument ein wenig kolonialistisch angehaucht. Und es ist an der Zeit, dass die Bürgerinnen und Bürger sich wieder stärker einmischen in die Betreuung ihrer Wälder. Was Ihr zuständiger Förster im Wald vor Ihrer Haustür veranlasst, können Sie beeinflussen. Wie weit das geht, zeigt die Bürgerinitiative »Waldfreunde Königsdorf« (http://waldfreunde-koenigsdorf.de). Sie kümmert sich um ein Naturschutzgebiet, welches zur Erhaltung eines alten Laubwalds eingerichtet wurde. Doch trotz des

Schutzstatus wurden dort alte Bäume gefällt und mit schwerstem Gerät der Boden verdichtet, sodass der Wald sich von anderen Wirtschaftsforsten kaum unterschied. Das wollten einige Bürgerinnen und Bürger nicht tatenlos hinnehmen und begannen, sich einzumischen. Wenige Jahre später und viele Gespräche mit Politikern und Presse weiter hat sich die Bürgerinitiative zu einem ernst zu nehmenden Faktor entwickelt, der starken Einfluss auf das Schicksal des Naturschutzgebiets gewonnen hat. Ähnliches ist auch aus anderen Regionen zu berichten und zeigt, dass selbst kleine Gruppen viel bewirken können, sobald sie in die Öffentlichkeit gehen.

Wie sieht es umgekehrt aus, was dürfen Sie über die schon besprochenen Dinge hinaus? Querfeldeinlaufen ist erlaubt, Pilze- und Beerensammeln ebenfalls – doch wie steht es mit Campen im Wald? In Skandinavien gibt es das bereits erwähnte Jedermannsrecht, was eine Übernachtung im Zelt auch auf fremdem Grund erlaubt, sofern dieser nicht zu einem Hausgrundstück gehört. Das ist bei uns anders und muss wohl auch so sein, da wir mit der wesentlich höheren Bevölkerungsdichte sonst keine ruhigen Rückzugsorte für wilde Tiere mehr hätten. War es das also? Nein – zumindest für die rund zwei Millionen Privatwaldbesitzenden und ihre Familien nicht. Wenn sie sich auf ihrer Parzelle aufhalten, gilt das als Forstwirtschaft. Und wer draußen bei Wind und Wetter arbeitet, der hat das Recht, sich ein wärmendes Feuer zu machen. Egal, welche Waldbrandwarnstufe ausgerufen wurde, im eigenen Wald können Sie jederzeit grillen. Eine Übernachtung ist je nach Bundesland zumindest dann möglich, wenn das Grundstück nicht in einer besonderen Schutzgebietskategorie eingeordnet wurde (wie etwa ein Vogelschutzgebiet). Und Sie dürfen dies sogar anderen Personen erlauben.

Gar nichts erlaubt ist hingegen kommerziellen Veranstaltern – kein Sammeln, kein Campen und noch nicht einmal die Nutzung der normalen Waldwege. Und ich finde das auch völlig in Ordnung. Dass die Eigentümer in einem so dicht besiedelten Land vieles dulden müssen, dass Eigentum auch sozial verpflichtet und alle an der Natur teilhaben lässt, ist Teil der Gerechtigkeit eines modernen Staates. Wer aber Geld auf Grund und Boden anderer verdienen möchte, der muss um Erlaubnis fragen und im Zweifelsfall auch etwas dafür bezahlen. Das betrifft nicht nur Outdoor-Events wie Survivaltrainings oder die Einführung neuer Geländewagen auf Offroad-Pisten. Betroffen sind genauso Kutschfahrten oder Volksläufe.

Egal, ob individuelle Freizeitaktivitäten oder organisierte Veranstaltungen: Immer häufiger stellt sich die Frage nach der Haftung bei Unfällen. Denn Wälder können gefährlich sein, und meist sorgen nicht die wilden Tiere für Schlagzeilen, sondern die Bäume. Keine Sorge, gefährliche Bäume gibt es nicht per se, doch wenn einer der Riesen einmal einen toten Ast verliert, kann das ganz schön ins Auge gehen. Aus vierzig Meter Höhe und mit dem Gewicht einer Kiste Mineralwasser ist die Wucht so groß, dass solche Unfälle sogar tödlich enden können. Oder es liegt ein abgebrochenes Stück Holz auf dem Radweg und sorgt dort für unangenehme Überraschungen. Kein Wunder, dass es immer wieder zu Klagen kommt, und die sind für die Waldbesitzer und Förster besonders unangenehm. Denn treten Körperverletzungen oder gar der Tod eines Spaziergängers ein, greift keine Haftpflichtversicherung mehr, da man sich dann im Bereich der Straftaten bewegt.

Die allgemeine Rechtslage besagt, dass der Waldeigentümer für Gefahren haftet, die von seinem Grundstück für die Allgemeinheit ausgehen. Viel mehr ist aus den Gesetzen nicht herauszulesen, und daher orientieren sich alle

Waldbesitzer an Urteilen in diesem Zusammenhang. Das Problem: Die Sichtweise ändert sich mit den Jahren, sodass es keine endgültige Sicherheit gibt, wie denn nun korrekt zu verfahren ist. Reicht eine zweimalige Sichtkontrolle aller Bäume, die entlang einer Straße stehen? Und falls ja, wie muss sie protokolliert werden? Welche Qualifikationen müssen die Beurteiler aufweisen? Die Sorge um die Sicherheit ist jedenfalls sehr groß. Die Sicherheit der Bevölkerung? Manchmal habe ich den Eindruck, dass es eher um die Sicherheit der Verantwortlichen geht. Weil niemand ein Risiko eingehen möchte, wird im Zweifelsfall in großem Maßstab abgeholzt. Oft wird links und rechts von Straßen jeder Stamm in einem Streifen von einer Baumlänge abgeholzt. Damit ist sichergestellt, dass kein Baum, der faul ist und übersehen wurde, auf ein Auto stürzen könnte. Nach Angaben des Statistischen Bundesamtes beträgt die Länge des überörtlichen Straßennetzes in Deutschland 230 000 Kilometer.[26] Hinzu kommen noch einmal 600 000 Kilometer kleiner Straßen, über 33 000 Kilometer Schienen und Zehntausende von Siedlungen, an deren Rändern ebenfalls Wald steht. Wenn durchwegs so radikal gehandelt würde, hätten wir kaum noch Wälder.

Wie groß ist das Gefahrenpotenzial tatsächlich? Ich habe keine Statistik gefunden, die eine Jahressumme enthält, aber in einschlägigen Fachzeitschriften wird jeder Fall erwähnt, da sich meist ein Gerichtsverfahren anschließt, in dem die Schuld des Grundeigentümers geprüft wird. Es sind nur wenige Einzelfälle im Jahrzehnt, die wirklich auf erkennbare angefaulte Problembäume zurückzuführen sind. Die weitaus größere Zahl von Schäden an Leib und Leben geht auf Stürme zurück, bei denen oft ganze Wälder umfallen und dabei Straßen und auch Autos unter sich begraben. Mir erscheint es unverhältnismäßig, deswegen Tausende Kilometer lange Streifen von Wäldern zu roden und jeden

Baum, der auch nur eine Spechthöhle aufweist und neben einer Kreisstraße steht, gleich abzusägen. Doch manchmal werden bei solch harten Maßnahmen zwei Fliegen mit einer Klappe geschlagen: Kein Baum kann mehr auf die Straße fallen, und gleichzeitig fallen riesige Mengen an Holz an, die oft schleunigst ins nächste Biomassekraftwerk abtransportiert werden.

Nachts unterwegs

Wo fühlen Sie sich wohler: tagsüber in der Fußgängerzone einer Großstadt oder nachts allein im dunklen Wald? Und weil Sie schon merken, worauf ich hinauswill, probieren Sie es doch einfach einmal selbst aus. Unsere Sinne und Instinkte schreien »Alarm!«, wenn es außer ein paar unheimlichen Geräuschen nichts mehr zu registrieren gibt, schon gar nichts Bekanntes. Lauert da im Zwielicht nicht eine Gestalt? War da nicht ein Knacken im Unterholz, als ob sich ein großes Tier näherte? Selbst bei mir stellt sich in seltenen Fällen noch ein leichtes Unbehagen ein, obwohl ich weiß, dass mir nichts passieren kann. Es ist wohl das genetische Erbe unserer Vorfahren, welches uns da einen Streich spielt. Während damals Räuberbanden durch die Lande zogen oder noch weiter zurück in der Geschichte Säbelzahntiger auf leichte Beute hofften, ist heute, rein statistisch gesehen, der Wald zu jeder Tageszeit der sicherste Ort. Welcher Dieb wollte hinter einem Baum warten, um einen Wanderer zu überfallen? Er würde je nach Landstrich verschimmeln, bis sich ein lohnendes Opfer zeigte, ganz im Gegensatz zur Fußgängerzone.

Nein, ein Wald bei Nacht ist ein besonderes sicheres und schönes Erlebnis. In dem Maße, in dem es dunkler wird, lassen auch die Zivilisationsgeräusche nach. Der Berufsverkehr ist abgeebbt, niemand mäht mehr Rasen, die Baumaschinen stehen still, nur der Flugverkehr lässt mit dem einen oder anderen Nachtflieger noch grüßen. Warum das im Wald eine Rolle spielt? Wenn es richtig still ist, merkt man erst, wie weit Geräusche tragen. Und für ein ungetrübtes Naturerlebnis braucht es natürliche Geräusche. Wie schwierig das mittlerweile ist, habe ich regelmäßig mit Kamerateams erlebt. Sie zeichnen für Hintergrundgeräusche gerne eine »Atmo« auf, also ein paar Minuten mit Wipfelrauschen und Vogelgesang, die dann unter Passagen ohne Dialog gelegt werden können. Diese Sequenzen sind deshalb so wichtig, weil es mittlerweile überall praktisch im Minutentakt akustische Störquellen gibt, meist Straßenlärm oder Flugzeuge.

Wenn Sie also ein ungestörtes Nachterlebnis haben möchten, gibt es zwei Möglichkeiten. Die eine führt Sie in ein Tal im Gebirge. Da Berge Geräusche perfekt abschirmen, sind unbesiedelte Täler sehr ruhig. Es bliebe aber immer noch der ein oder andere Nachtflieger. Die zweite Möglichkeit (und viel einfacher zu bewerkstelligen) ist ein Spaziergang bei Wind. Wenn eine Brise wispernd durch Blätter und Zweige fährt, wenn Zweige raschelnd aneinanderreiben und sich biegende Stämme ächzen, werden nicht nur andere akustische Quellen überdeckt. Nein, nun haben Sie die perfekteste Symphonie, die ein nächtlicher Wald liefern kann. Sie hören unter solchen Bedingungen genau das, was schon Tausende Generationen vor uns hörten, was die Hintergrundmusik zahlloser Lagerfeuer war, um die herum Steinzeitmenschen saßen. Ich spüre dann immer eine gewisse Freiheit und ein Gefühl von Zeitlosigkeit.

Für einen uneingeschränkten Genuss empfiehlt es sich, auf den Wegen zu bleiben. Sonst kann der Gang zwischen den Bäumen leicht ins Auge gehen, und zwar im Wortsinne. Gerade in Nadelwäldern stehen unten am Stamm viele abgebrochene, finderdicke Äste ab, die ein hohes Verletzungsrisiko bergen. Dennoch würde ich dem Reflex widerstehen, nun eine Taschenlampe zu zücken. Das Gerät katapultiert Sie sofort wieder in die Zivilisation zurück und befördert zudem Ihre Urängste nach oben. Alles außerhalb des Lichtkegels ist noch viel schlechter zu sehen. Zudem werfen Sie Ihre Augen um Stunden zurück, denn diese passen sich an das Nachtsehen perfekt an, allerdings sehr langsam. Tagsüber sind es kleine Zapfen auf Ihrer Netzhaut, die das Licht verarbeiten. Sie sind lichtunempfindlich, schließlich gibt es draußen und in hell erleuchteten Zimmern genug davon. Nachts hingegen kommen die Stäbchen zum Zuge. Sie sind die schwächeren Geschwister der Zapfen und können nur schwarz-weiß verarbeiten. Daher kommt übrigens der alte Spruch »Nachts sind alle Katzen grau« – Farbe kann unser Auge im Dunkeln nicht verarbeiten. Und weil es im Wald noch einmal deutlich düsterer ist als auf der Freifläche, lohnt es sich, die Augen zu schonen. Falls Sie doch einmal künstliches Licht brauchen, verwenden Sie am besten rotes. Rot verändert die Dunkeladaption des Auges kaum, und deshalb nutzen beispielsweise Astronomen bei ihren Fernrohrbeobachtungen solche Lampen (die es preiswert im Zubehörhandel gibt).

Eine weitere Möglichkeit, etwas mehr zu sehen, ist die Wahl des richtigen Zeitpunkts. Wenn Sie erste Nachtwanderungs-Erfahrungen sammeln möchten, ist eine wolkenfreie Vollmondnacht ideal. Der Mond scheint dabei so hell, dass Sie draußen sogar Zeitung lesen können.

Nun haben wir uns eine ganze Weile auf den Sehsinn konzentriert, der aber im Dunkeln nicht viele Informationen liefert. Deutlich mehr können wir über die Ohren erfahren. Große Säugetiere verraten sich durch knackende Zweige im Unterholz, doch nur, solange es trocken ist. Sobald ein Regen das Reisig durchtränkt, wird es weich, biegsam und quasi stumm. Zum Glück stoßen die Tiere selbst auch noch Laute aus. Wenn Sie etwa ein heiseres Bellen hören, sind es nachts im tiefen Wald keine Hunde, sondern Rehe. Ihr heiseres Rufen wird in der Fachsprache »Schrecken« genannt, weil die Tiere genau das tun: sich erschrecken. Mit ihrem Bellen warnen sie einerseits Artgenossen, andererseits können sie so potenzielle Beutegreifer auf sich aufmerksam machen. Daher schlagen sie nur Alarm, wenn die Störung mehrere Hundert Meter entfernt ist. So bleibt für alle Rehe genügend Zeit, sich unauffällig zurückzuziehen. Überraschen Sie das Reh auf kurze Distanz, springt es schlagartig auf und sucht stumm das Weite. Und so etwas passiert tatsächlich öfter: Die Tiere dösen am Wegesrand und merken es zunächst nicht, wenn sich ein Radfahrer oder Reiter nähert. Bei der Nahbegegnung ist dann die Überraschung auf beiden Seiten gleich groß und sorgt für einen entsprechend beschleunigten Puls.

Und wie sieht's mit unserer Nase aus? Nun, sie ist nicht gerade unser stärkster Sinn, doch wenn Sie nichts sehen, zählt jeder Eindruck. Zudem werden die Gerüche stärker wahrgenommen, sobald unsere Konzentration nicht von Bildern abgelenkt wird. Vielleicht lassen Sie sich erst einmal auf die Waldatmosphäre ein. Der Boden ist so stark von Pilzen besiedelt, dass sie jeden Millimeter mit ihrem Geflecht durchziehen. Gerade wenn es feucht wird, ist das sehr gut zu riechen. Oder wie wäre es mit dem aromatischen Duft der Nadelbäume? Er ähnelt einer Mischung aus Harzen, Orangeat und Zucker und erinnert an den letzten Sommerurlaub am Mittelmeer, wo die Pinienwälder ebenfalls so duften. Dieser Geruch ist aus verschiedensten Komponenten zusammengesetzt und beinhaltet auch Botschaften. Viele Nadelbäume leiden bei uns, weil es ihnen viel zu heiß und zu trocken ist. Leicht werden sie Opfer von Borkenkäfern, da sie sich in ihrem geschwächten Zustand kaum wehren können. Um ihre Kameraden zu warnen, verströmen sie olfaktorische Hilferufe – und die riechen so urlaubsmäßig würzig. Zudem reinigen sie die Waldluft, indem sie keimtötende Substanzen ausdünsten und sich damit Pilze und Bakterien vom Leib halten.

Lassen Sie sich bei Ihrem nächtlichen Gang in die Natur nicht von Verbotsschildern aus vorgeblicher Sorge um das Wild abschrecken. Sie wurden meist von Jägern aufgehängt, die ihrerseits die Ruhe wünschen, aber die Bedürfnisse von Rehen und Hirschen vorschieben – das lässt sich besser vermitteln. Das freie Betretungsrecht gilt zu jeder Tages- und Nachtzeit, auch in privaten Wäldern.

Was ist eigentlich nachts im Wald los? Erwacht dann erst alles so richtig zum Leben? Nicht ganz, zumindest bei den Bäumen nicht. Sie schlummern in einem tiefen, erholsamen Schlaf und machen genau wie wir in unserem Bett eine Pause vom Alltagsgeschäft. Die Fotosyntheseproduktion ruht, die Geschäftigkeit innerhalb des Stammes und der Krone fährt herunter. Das hat auch Folgen für den Sauerstoffgehalt der Luft, denn nun zeigt sich, dass Bäume ebenfalls Zucker und andere Kohlehydrate verbrennen. Sie sind keineswegs nur Sauerstoffproduzenten, eine Funktion, auf die sie neben der Holzbereitstellung gerne reduziert werden. Nein, sie atmen durch Hunderttausende kleine Münder, die sogenannten »Spaltöffnungen« an der Unterseite der Blätter und Nadeln. Tagsüber überwiegt der Sauerstoffüberschuss, der bei der Aufspaltung von Wasser und Kohlendioxid und deren Umwandlung zu Zucker mithilfe des Sonnenlichts entsteht. Nachts jedoch zehren die Riesen genau wie wir nur von ihren Vorräten unter der Haut beziehungsweise Rinde und entlassen dabei jede Menge CO_2. Die gesunde Waldluft ist nachts ein bisschen weniger gesund, allerdings in so geringem Maße, dass es in der Praxis keine Rolle spielt.

Besonders rührend finde ich eine neue Erkenntnis der Wissenschaft: Wenn es dunkel wird, sinken die Bäume regelrecht in den Schlaf. Ein Forscherteam aus Österreich und Finnland scannte dazu die Kronen von Birken mit einem Laser und stellte überrascht fest: Sobald es dämmert, lassen die Bäume ihre Blätter und Zweige hängen und sinken im Verlaufe der Nacht immer weiter zusammen. Bis zu zehn Zentimeter beträgt dann der Unterschied der Position im Vergleich zum hellen Tag. Ob die Bäume morgens von der aufgehenden Sonne oder einer inneren Uhr geweckt werden, steht noch nicht fest.[27] Einen anderen Prozess werden Sie ebenfalls nicht bemerken: Nachts werden die Bäume dicker. Jedenfalls ein bisschen und so viel, dass es zumindest Forscher mittels Messapparaturen feststellen können. Der Grund ist das über die Wurzeln in den Stamm einströmende Wasser, welches nun weiter oben in den Blättern kaum noch Abnehmer findet – diese sind ja schließlich im Schlafzustand.[28] Wenn die Produktion mit den ersten Strahlen der Morgensonne wieder startet, verschwindet der Wasserbauch.

Bei den Tieren steigt mit der Dunkelheit auch die Aktivität, weil die jagdbaren unter ihnen, wie etwa Rehe und Hirsche, keine Gefahr durch menschliche Jäger mehr wittern. Andere Arten wie die Fledermäuse sind ohnehin auf die Dunkelheit spezialisiert und jagen Nachtfalter per Ultraschallortung. Diese Falter sehen übrigens besonders pelzig aus, und das ist auf ihre Jäger zurückzuführen. Durch die raue Oberfläche auf Körper und Flügeln bricht sich nämlich der Schall und erschwert den Zugriff durch die fliegenden Säugetiere. Davon abgesehen haben die Motten ein ausgezeichnetes Gehör für höchste Töne entwickelt und können so hören, wie die Fledermäuse nach ihnen suchen.[29]

Immer wieder faszinierend ist auch der nächtliche Flug der Eulen. Sie suchen nach Mäusen, aber auch nach anderen, schlafenden Vögeln. Ihre Federn weisen einen weich gefransten Rand auf und ermöglichen so einen absolut lautlosen Flügelschlag. Wie nächtliche Gespenster tauchen sie auf und verschwinden wieder. Ihre Beute bleibt dadurch ahnungslos und sieht ihr Unheil erst kommen, wenn es schon zu spät ist.

Falls Sie glauben, dass Sie nachts nicht von anderen Menschen beobachtet werden, dann muss ich Sie leider enttäuschen. Wenn Sie sich etwa still und heimlich hinter einen Busch verdrücken, um einem dringenden Bedürfnis nachzugehen, kann es sein, dass Sie beobachtet werden, und zwar vollautomatisch. Es sind kleine, unscheinbare Wildkameras, die, an Bäumen befestigt, ungefragt Fotos und Filme aufnehmen, sobald der Bewegungssensor Sie registriert. Nun möchte ich niemandem unterstellen, dass er voyeuristische Bilder von urinierenden Wanderern sammelt, nein, Ziel sind die Aktivitäten von Rehen, Hirschen und Wildschweinen. Da die Daten mit Uhrzeit aufgezeichnet werden, können Waidfrauen und -männer ermitteln, wann sich der Gang auf den Hochsitz lohnt. So ersparen sie sich lange Nächte, in denen sie frierend auf Beute warten, und können die meist pünktlich zur gleichen Uhrzeit erscheinenden Tiere auf der Schneise schießen.

Diese Wildkameras scheinen sich wie die Kaninchen zu vermehren. Sie werden billig im Internet oder periodisch bei den großen Lebensmitteldiscountern angeboten – darf's ein bisschen mehr sein? Bei weniger als hundert Euro pro Stück kann man als betuchter Waidmann große Teile des Waldes kontrollieren, indem man an allen Zwangswechseln solche Geräte installiert. Zwangswechsel heißt: Hier bewirkt ein dichtes Gebüsch, ein steiler Abhang oder ein Sumpf, dass das Wild nur entlang eines schmalen Pfades laufen kann, ohne nach links oder rechts auszuweichen. Hat man noch mehr Geld für Kameras übrig, dann werden auch noch Salzlecken, Wildwiesen oder Fütterungen erfasst. Zwangswechsel? Auch Sie müssen, so Sie sich durch das Gelände bewegen, an diesen Stellen vorbei (für Sie gilt ja in Bezug auf die Fortbewegung das Gleiche wie für Wildtiere). Und Wildwiesen sind gleichzeitig auch schöne Rastplätze. Die Kamera, am Rand unter dichten Zweigen verborgen, filmt und fotografiert Sie erbarmungslos, wenn Sie sich vermeintlich abwenden, indem Sie der offenen Fläche den Rücken zukehren.

Klingt übertrieben, vielleicht sogar nach Paranoia? Das sah der rheinland-pfälzische Datenschutzbeauftragte Edgar Wagner bereits 2014 anders. Er äußerte seine Meinung so deutlich, dass sogar die großen Medien darauf aufmerksam wurden und endlich registrierten, dass schon damals vermutete 100 000 Jäger entsprechend viele Apparate an Baumstämmen festgebunden hatten.[30] Danach gilt der Wald als öffentlicher Raum, seine Überwachung durch Privatpersonen als unzulässig. Zuwiderhandlungen können zumindest in Rheinland-Pfalz mit einem Bußgeld von 5000 Euro geahndet werden. Und hat sich dadurch etwas geändert? Leider nicht, und ich muss Ihnen sagen, dass ich mich seit dem Aufkommen der Wildkameras wie bei »Big Brother« fühle – nämlich ständig und überall beobachtet. Als Förster bin ich nun mal viel zu Fuß im Wald unterwegs, und zu wissen, dass jeder Gang Bilder produziert, gefällt mir gar nicht. Für einen anderen Personenkreis wird es noch unangenehmer: die Fremdgänger. In meinen dreißig Jahren Berufstätigkeit habe ich nur zweimal Pärchen in flagranti ertappt, und das auch nur zufällig. Wie von der Tarantel gestochen, fuhren sie hinter dem Auto aus dem Gras auf, als sie meine näher kommenden Schritte hörten. Ich wollte eigentlich nur kontrollieren, wer da abseits der Straßen sein Auto geparkt hatte, die Ertappten taten mir dabei nur leid. Ganz anders erging es einem Kärntner Bürgermeister: Er wurde beim Liebesspiel von einer Wildkamera gefilmt, die Informationen wurden veröffentlicht. Inzwischen ist er nicht mehr allein; mehreren seiner Kollegen in Österreich und Deutschland erging es ähnlich.

Ich würde mich jedenfalls freuen, wenn das Aufhängen solcher Überwachungseinrichtungen verboten würde, schließlich ist der Wald einer der letzten Rückzugsräume in unserer bevölkerungsreichen Landschaft.

Dresscode

Die Outdoorbranche boomt. Wenn Sie sich die Kataloge anschauen, ist es schwierig, sich für bestimmte Hosen, Schuhe oder Jacken zu entscheiden. Ohne Testberichte würde es selbst für mich nicht einfach, und selbst der Vor-Ort-Kauf mit Anprobieren bringt mich nicht immer weiter. Dabei kann man schon einige Grundregeln beachten, um nicht völlig danebenzuliegen. Die allereinfachste ist: Schauen Sie, was die Profis tragen. Menschen, die den ganzen Tag draußen unterwegs sind, können in Bezug auf die Kleidung keine faulen Kompromisse eingehen.

Haben Sie sich schon einmal gefragt, warum Förster immer in Grün herumlaufen? Noch vor hundert Jahren hätte die Antwort möglicherweise gelautet: wegen der Wilderer. Hier und da steht noch heute ein einsamer Gedenkstein im Wald, der vom heldenhaften Kampf meiner Vorgänger gegen Wilddiebe berichtet. Unterlagen die Waldhüter, so wurde am Ort ihres Todes ein Mahnmal errichtet. Eine gute Tarnung konnte da entscheidend sein. Heute ist es eher umgekehrt: Wer sich tarnt, landet schnell unter einem fallenden Baum, zumindest wenn er Waldarbeiter ist. Denn die Holzfäller arbeiten in Gruppen, und wenn man die Kollegen nicht sieht, dann wird die Motorsäge an der falschen Stelle angesetzt. Daher müssen alle Arbeiter wenigstens durch orangefarbene Stoffpartien an ihrer Sicherheitskleidung sichtbar sein. Förster hingegen ziehen eher einsam ihre Bahn durch die Baumbestände und entscheiden dort, welche Bäume gefällt werden sollen. Dazu werden die Stämme mit Sprühfarbe oder Papierband markiert. Das führt speziell bei dickeren Exemplaren zwangsläufig zu Körperkontakt, der von einem unbedarften Beobachter wie Umarmungen aussieht. Und die hinterlassen ihre algig-grünen Spuren, die auf oliv-grüner Kleidung allerdings kaum auffallen.

Hirschen, Rehen und Wildschweinen ist die Farbe übrigens herzlich egal. Wer meint, sich mit Grün besonders gut tarnen und so auch entsprechend gut beobachten zu können, hat sich geschnitten. Viel wichtiger ist es, die eigene Silhouette aufzulösen. Man darf nicht mehr als großes »Tier« sichtbar sein, sondern sollte kleinteilig gemustert mit dem Unterholz verschmelzen. Beispielhaft macht dies der Tiger mit seinen senkrechten Streifen. Jäger sitzen bei Treibjagden in einer Zwickmühle: Einerseits müssen sie gemäß den gesetzlichen Vorschriften gut zu sehen sein, also etwa in der Warnfarbe Orange auftreten. Andererseits möchten sie so viel Wild wie möglich sehen und auch schießen. Die Bekleidungsindustrie hat reagiert und bietet warnfarbene Jacken mit Tarnmuster an. Klingt verrückt? Funktioniert aber bestens! Mein ehemaliger Chef, ein Forstamtsleiter, hatte auf einer Treibjagd solch eine Jacke angezogen und wurde fast von einem Rehbock umgerannt, der erst in letzter Sekunde erkannte, dass da kein Busch stand. Der Grund: Die großen Waldsäugetiere sind teilweise farbenblind und können Rottöne nicht von Grün oder Gelb unterscheiden. Weist die Jacke Tarnmuster auf, so verschwimmt sie für das Wildauge mit der Umgebung. Einzige Ausnahme ist die Farbe Blau. Streng genommen können Hirsche, Rehe und Wildschweine wie die meisten Säugetiere nur Blau oder Nichtblau sehen, sodass Sie bei den Farben für eine künftige »Wildbeobachtungsjacke« eine große Auswahl haben.[31]

Neben der Frage nach der Farbe stellt sich die Frage nach dem Material. Ich persönlich bin kein großer Fan von Hightech-Funktionsstoffen für Jacken. Die Membranen halten zwar zuverlässig Nässe ab, brechen und bröseln aber oft schon nach wenigen Jahren. Mir sind Kleidungsstücke lieber, die ein halbes Leben lang gute Dienste leisten. Ein Materialmix aus Baumwolle und Kunstfaser ist da schon das höchste der Gefühle an technischem Zugeständnis, weil diese Kombination schnell trocknet und trotzdem sehr robust ist. Ein Gang durch dorniges Gestrüpp kann solchen Jacken und Hosen wenig anhaben, und wenn speziell die Jacken dick genug sind, eignen sie sich auch ganz ohne Dampfmembran. Es dauert schon mindestens eine Stunde, bis das Wasser auf die Haut durchdringt, und in den meisten Fällen hat man bis dahin eine Unterstellmöglichkeit gefunden, etwa unter einer alten, mächtigen Fichte.

Bei richtig schlechtem Wetter nützen manchmal die besten Wanderstiefel nichts, da deren Membran irgendwann trotz aller Versprechungen Wasser durchlässt. Was auf die Jacken zutrifft, gilt hier mindestens ebenso: In den Knickfalten bricht das eingeklebte Gewebe besonders leicht und lässt hier nach einiger Zeit genauso viel Feuchtigkeit durch wie Lederstiefel ohne Hightech. Da ist entweder ein regelmäßiger Austausch durch Neukauf nötig, oder Sie greifen bei Regenwetter lieber gleich zu Gummistiefeln. Doch welche sollen es sein? Die Billigvariante besteht aus Kunststoff und versagt speziell im Winter. Dann werden sie nämlich steinhart, und in Kombination mit dem gefrorenen Boden verwandeln sie sich in eine Art Schlittschuhe. Zudem sind zumindest Billigmodelle auch nicht gerade gesund für Ihre Füße, da die Passform oft zu wünschen übrig lässt. Besser laufen kann man in Modellen aus Kautschuk, die selbst beim tiefsten Frost geschmeidig bleiben und oft ein gut ausgearbeitetes Fußbett haben.

Das Thema »Hosen« haben wir bei den Zecken schon einmal gestreift. Der Stoff sollte hell und ungemustert sein, damit Sie die kleinen schwarzen Wesen entdecken können. Hellbeige, Hellolivgrün und alles Ähnliche hilft hier und kaschiert gleichzeitig die Hunderte von Schlammtröpfchen, die unweigerlich von den Schuhen an die Hosenbeine hochspritzen – man will ja schließlich noch in einer Gaststätte einkehren können, ohne gleich wie ein Waldschrat auszusehen. Apropos: Ein kleiner Hunger ruft, und im Wald taucht eine bewirtschaftete Hütte auf. Nun könnten Sie einfach hineinspazieren und Ihr Essen bestellen, doch bei schlechtem Wetter und verschlammten Wegen hinterlassen Sie eine Spur, die Hänsel und Gretel vor Neid erblassen lassen würde. Spätestens nach einer Stunde am Tisch hat sich sämtliche Erde in Ihrem Schuhprofil gelöst und liegt nun deutlich sichtbar auf dem Boden oder, wenn es ganz schlecht läuft, auf dem Teppich. Mir ist das schon öfter passiert, und es war jedes Mal sehr unangenehm, auch wenn die Wirtsleute es mit Humor ertrugen (oder nicht bemerkten). Da ist es besser, vorzusorgen und die Schuhe noch im Wald zu reinigen. Dazu stellt die Natur freundlicherweise jede Menge Hilfsmittel bereit. Bei Regenwetter (und nur dann taucht ja dieses Problem auf) sind Bäche und Wegegräben voller Wasser. Hier können Sie an einer flachen Stelle einige Male hin- und hergehen und dabei den Schmutz von den Schuhen spülen. Solange das nur ein, zwei Minuten dauert, halten selbst Lederschuhe ohne Klimamembran dem kleinen Bad stand.

Ist kein fließendes Wasser vorhanden, tun es vielleicht feuchte Grasbüschel. Wenn Sie dort einige Male hindurchschlurfen (und bitte den Rückwärtsgang für Dreck an den Hacken nicht vergessen!), sind die Schuhe zwar nicht wie neu, aber es fallen nicht kiloweise Klumpen davon ab. Und wenn es selbst solche Büschel nicht gibt? Dann hilft ein beherztes Schlurfen durchs Unterholz, wo kleine Äste und herumliegende Zweige wie eine Schuhbürste wirken. Wem das noch nicht schick genug ist, der kann mit etwas Moos den letzten Schmutzschleier abwischen. Bei Regenwetter eignen sich die kleinen grünen Polster, vollgesaugt mit sauberem Regenwasser, auch gut als Feuchthandtücher, um die Hände zu säubern.

Der Wald bei uns zu Hause

Dort, wo Sie jetzt gerade dieses Buch lesen, stand auch einmal Wald. Warum ich das so sicher sagen kann? Bevor Menschen begannen, die ganze Landschaft umzukrempeln, gab es praktisch keine baumfreien Flächen. Ausnahmen waren lediglich die Flussufer, bei denen es durch Hochwasser und Treibeis immer wieder alte Stämme umriss, oder große Sümpfe und Moore. Und natürlich die wenigen Flächen, die oberhalb der Baumgrenze liegen, etwa in den Alpen. Doch dort oben werden Sie wahrscheinlich nicht lesen, daher meine Vermutung: Sie sitzen gerade im ehemaligen Wald. Unsere Vorfahren empfanden ihn als Bedrohung, denn er lieferte kaum Nahrung und verbarg sich nähernde Feinde. Egal, ob Raubtiere oder feindliche Menschen, beide sah man erst dann, wenn sie sich auf wenige Meter genähert hatten. Was lag also näher, als die störenden Verstecke zu entfernen und gleichzeitig Unmengen an Holz und Ackerland zu gewinnen? Um 1800 war es vollbracht: Weite Teile Mitteleuropas glichen einer Steppe und damit dem Ökosystem, aus dem wir evolutionär stammen. Hurra! Doch in die Freude mischte sich von Anfang an

Wehmut. Denn die Landschaft hatte mit den Bäumen auch ihre Seele verloren. Aus dieser Zeit datieren die melancholischen Gemälde Caspar David Friedrichs, in denen beispielsweise knorrige Eichen ihre kahlen Äste in den Himmel recken.

Und wohin kam der ganze Wald? Er landete in Form von Bäumen im nächsten Sägewerk, und das ist noch heute so. Über 98 Prozent der Flächen sind in regelmäßiger Bewirtschaftung, sprich, hier werden die Bäume nicht alt. Abgesehen davon, dass Schutzgebietsanteile ruhig ein wenig größer sein dürften, ist die Nutzung von Holz nichts Verwerfliches. Der natürliche Rohstoff bringt ein wenig Waldatmosphäre in unsere Zimmer, und die aktuelle Mode in Bezug auf Holzmöbel spiegelt genau das wider. Was früher als inakzeptabler Holzfehler galt, wird heute gezielt verarbeitet. Da wären etwa dicke, eingewachsene Äste, Farbveränderungen, Wirbel oder sogar Wurmlöcher. Je mehr davon, desto origineller und individueller wird der neue Schreibtisch. Ein spezieller Schliff lässt die Jahresringe fühlbar hervortreten, sodass der Arbeitsplatz mit allen Sinnen erlebbar wird. Und wenn Sie genau hinschauen, können Sie auch sehen, was dem Baum alles widerfahren ist.

Da sind etwa dünne, kurze Linien, bei Laubbäumen oft nur zu erahnen, bei Nadelbäumen manchmal durch Harttränkungen hervorgehoben. Hier hat es Risse im Stamm gegeben, die der Baum schmerzhaft gespürt hat. Meist war die Ursache ein heftiger Wintersturm, der das Holz mit einer Gewalt, die der Zugkraft von bis zu hundert Tonnen entspricht, gebogen hat.

Wird der Stamm längs zu Brettern zersägt, sind die Jahresringe bei ordnungsgemäßem Wuchs streifenförmig angeordnet. Doch wenn nicht alles nach Plan lief, finden sich in den Brettern wirbelförmige Muster. Sie resultieren aus Reparatur- und Ausgleichsarbeiten des Baums, um die

Balance zu halten. So kann es sein, dass eine Fichte, die in jungen Jahren schief wuchs, dies später durch die einseitig stark erhöhte Anlagerung von Holz ausglich. Im gesägten Brett laufen die Streifen nun schräg heraus. Manchmal sind es aber auch Verletzungen, die zu wildem Wuchs zwingen. So schrubbt ein durch Sturm fallender Nachbarbaum die Rinde partiell herunter und verwundet seinen Kameraden damit schwer. Um das Eindringen holzzerstörender Pilze zu verhindern, versucht das angeschlagene Exemplar, diesen Bereich durch besonders schnelles Wachstum wieder zu verschließen, in der Folge entsteht hier eine hölzerne Beule, die je nach Verletzung sehr groß ausfallen kann. Schlecht für den Baum, gut für den Tischler: Die Muster in der Tischplatte sind ganz besonders abwechslungsreich.

Auch die eingewachsenen Äste verraten etwas über das Baumleben. Haben sie dieselbe Farbe wie das umgebende Holz, dann waren sie zum Zeitpunkt des Fällens noch grün, also lebendig. Sie sind fest verwachsen und stören weder optisch (gut, das ist Geschmackssache) noch von der Haltbarkeit her. Anders sieht es mit Ästen aus, die mit einem schwarzen Rand versehen sind oder im Ganzen deutlich dunkler erscheinen. Sie waren schon am Baum tot, und der hat versucht, diese Lücke zu schließen. Oft ist der Aststummel aber noch nicht vollständig von neuem, gesundem Holz umgeben; der Baum wurde also vor Abschluss seiner Reparaturarbeiten geerntet. Wenn der Ast in der Draufsicht kreisrund erscheint, ist er quer zur Wuchsrichtung angeschnitten worden. Und da er schon tot war, ist er mit dem umgebenden Gewebe nicht fest verbunden. Trocknet nun das Brett, so schrumpft der Ast überproportional stark und fällt als Scheibe heraus. Ergebnis ist das berühmte Astloch, durch das man hindurchschauen kann. Das ist lustig, solange es nicht Möbel oder Dielen betrifft.

Bei qualitativ hochwertigen Herstellern fällt so etwas schon während des Produktionsprozesses auf, und die Löcher werden mit einem Holzstopfen gleicher Baumart so gefüllt, dass es fast nicht mehr erkennbar ist.

Weisen Bretter oder Möbel gar keine eingewachsenen Äste auf, stammen sie meist von besonders dicken, alten Bäumen. Diese haben schon vor langer Zeit ihre alten, abgestorbenen Äste (die man als Baum unterhalb der Krone nicht mehr braucht) verloren, die Stummel schon vor Jahrzehnten mit dicken Schichten neuen Holzes überwallt. »Astrein« nennt man solche Ware, die beste Preise erzielt.

Mit der Wahl der Hölzer können Sie über die Möbel sogar das Baumalter bestimmen.

Die Buche etwa wurde früher nur hell und makellos gewünscht. Die Folge: Ältere Bestände ab einem Alter von 140 Jahren minderten sich im Wert, weil die Bäume dann im Inneren rote Verfärbungen entwickeln. Dieser sogenannte »Rotkern« verhindert, dass ein Brett wie das andere aussieht. Stattdessen zeigen sich Farbabweichungen bis hin zu geflammten Mustern. Glücklicherweise hat die Möbelindustrie auf die Anregungen vieler Förster reagiert und bietet seit Jahren Rotkernbuche unter den verschiedensten Namen (z. B. Wildbuche oder Kernbuche) an. Und sie wird gern gekauft! So dürfen die Bäume im Wald einige Jahrzehnte länger stehen und in Würde altern. Schwarzstörche können in den mächtigen Kronen Nester bauen, Spechte hier und da eine Höhle zimmern. Und weil mit zunehmendem Alter einzelne Buchen absterben, steigt auch der Totholzanteil in solch älteren Beständen. Wenn Sie der Vogel-, Insekten- und Pilzwelt helfen möchten, greifen Sie zur Rotkernbuche. Oder zu Möbeln aus alten mächtigen Eichen, jahrhundertealten Tannen oder Lärchen. Und damit der Forst, aus dem die Hölzer stammen, wenigstens halbwegs nachhaltig bewirtschaftet wird, können Sie hier wie auch beim Brennholz auf das FSC-Siegel achten.

Noch direkter geht Ihre Einflussnahme, wenn Sie Tisch und Stühle von einem örtlichen Tischler kaufen. Es gibt darunter regelrechte Perlen der Handwerkskunst. So habe ich meinen neuen Schreibtisch bei solch einem kleinen Betrieb bauen lassen, und, ich gebe es zu, das war reiner Zufall. Nur wegen meiner Größe von 1,98 Metern wurde ich nicht bei einer der großen Möbelketten fündig; nein, es musste eine Spezialanfertigung sein, um meine Bandscheiben zu schonen. Da meldete eine kleine Firma Mitarbeiter zu einem meiner Seminare an, und der Name des Unternehmens ließ uns aufhorchen: Holzgespür, eine Tischlerei, bei der die Kunden von Anfang an in die Fertigung eingebunden werden. Schon die Auswahl des regional erworbenen Stammes blieb mir überlassen. Sollte es lieber ein lebhaftes Jahrringmuster sein oder eher streng gerade? Durften viele verwachsene Äste die spätere Tischplatte zieren? Um mir die Auswahl zu erleichtern, schickte mir die Inhaberin sogar ein kleines Video, mit dessen Hilfe ich quasi durch die Werkshalle ging und meinen Stamm ausführlich begutachten konnte. Auch über den weiteren Verlauf wurde ich mehrfach informiert, und als das gute Stück schließlich in meinem Büro aufgestellt wurde, war die Freude groß, weil der Schreibtisch meine Wünsche übertraf.

Gewiss, solche Möbel sind etwas teurer als bei einem Discounter, doch durch die massive Bauweise und das zeitlose Naturdesign bekommt man auch echte Erbstücke. Diese Abkehr von der Wegwerfmentalität beim Inventar kommt wieder dem Wald zugute, denn dadurch verbrauchen wir weniger Holz. Und wir verbrauchen viel! Allein in Deutschland sind es jährlich über 150 Millionen Kubikmeter[32], was ebenso viele gefällte Bäume bedeutet. Dafür reicht die Waldfläche schon lange nicht mehr, denn hierzulande werden nach Angaben des Statistischen Bundesamts weniger als sechzig Millionen Kubikmeter eingeschlagen. Während die Forstwirtschaft ankündigt, diesen Einschlag problemlos weiter steigern zu können, halten Naturschützer die Menge jetzt schon für problematisch.

Ein ganz besonderer Baum kommt im Ganzen in unsere Stuben, und zwar an Weihnachten. Der Brauch reicht weit zurück in die vorchristliche Zeit. Immergrüne Gewächse wie Fichten und Kiefern, aber auch Eiben und Stechpalmen waren Symbole für die Wiederkehr des Frühlings. Im heutigen Sinne gab es einen ersten Weihnachtsbaum mit Naschwerk an den Zweigen wahrscheinlich um 1419, als ein Bäcker in Freiburg eine Fichte mit Süßigkeiten behängte.[33] Im 16. Jahrhundert etablierte sich der Brauch endgültig, aber eher für die reiche Bevölkerungsschicht. Bis in jedem Haushalt ein Nadelbaum mit Kerzen stand, dauerte es noch einmal 300 Jahre.

Und was sagen die Bäume dazu? Wir wissen es nicht, und viel kann es nicht mehr sein, denn wenn sie im Ständer montiert sind, sind sie schon tot. Zumindest in den meisten Fällen; mitfühlendere Zeitgenossen kaufen sich Fichten und Tannen mit Ballen, also mit Wurzeln. Sind die Feiertage vorüber, werden die Bäumchen in den Vorgarten gepflanzt, um dort weiterzuleben. Ich finde diese Geste rührend, auch wenn deren Folgen den Familien rasch über den Kopf wachsen. Achten Sie einmal darauf, wie viele riesige Blaufichten vor Einfamilienhäusern stehen. Warum Blaufichten? Diese Art war bis in die Neunzigerjahre sehr beliebt, und die in Freiheit entlassenen Weihnachtsbäume sind mittlerweile teilweise schon über zwanzig Meter hoch. Nun werden sie zum Problem, da sie bei Sturm umsturzgefährdet sind und das Haus bedrohen. Entweder müssen sie durch Spezialfirmen gefällt werden, oder man vertagt das Ganze und lässt die Bäume (und damit das Problem) noch größer werden. Heute sind Nordmanntannen in Mode – wir werden also in dreißig Jahren riesige Exemplare in den Gärten stehen sehen …

Und wie geht es den Bäumchen dabei? Nun ja – eigentlich sind sie im Winterschlaf, also inaktiv. Genau wie Igel oder Bären schlummern sie tief und fest bei minimalem Energieverbrauch. Ihre im letzten Sommer gebildeten Reserven benötigen sie im Frühjahr zur Bildung neuer Triebe. Wann es Zeit ist durchzustarten, erkennen Fichten und Tannen an der Temperatur und der Tageslänge. Passt beides zusammen, dann muss die warme Jahreszeit beginnen, so die Jahrmillionen alte Erfahrung. Nur dass diese im Wohnzimmer nicht mehr gilt. Die festliche Beleuchtung brennt bis spät in den Abend, und die Zentralheizung oder der Kachelofen wärmen wie die Sommersonne. Für die kleinen Tannen ist der Winter damit vorbei, allerdings nur für wenige Tage. Spätestens Mitte Januar geht es hinaus ins Freie und damit in den Winter zurück. Vielen Bäumchen gelingt der Spagat, und sie schalten zwangsweise wieder in den Wintermodus. Doch etlichen Exemplaren wird das Hin und Her zum Verhängnis, und sie sterben, oder freundlicher ausgedrückt: Sie wachsen nicht an. Immerhin haben sie noch eine Chance für ein Weiterleben bekommen.

Waldspaziergang im Februar

Ist der Februar nicht ein furchtbarer Monat, zumindest in der Natur? Die Bäume sind kahl, das Wetter ist oft schlecht, und Schnee liegt wegen des Klimawandels auch kaum noch. Stattdessen haben tagelange Regenfälle den Boden so aufgeweicht, dass bei jedem Schritt der Schlamm an den Hosenbeinen hochspritzt. Die lange Warterei auf das nächste Frühjahr hat nun ihren Zenit erreicht, die Laune entsprechend ihren Tiefpunkt. Doch das entspricht nicht unbedingt dem tatsächlichen Bild des Waldes, sondern ist vielmehr durch den Winterblues verzerrt, der auf das Gemüt drückt. Haben Sie sich einmal aufgerafft und sind zu einem Spaziergang aufgebrochen, können Sie erleben, dass diese vermeintlich öde Jahreszeit keinesfalls langweilig und farblos ist, ganz im Gegenteil.

Da wären etwa die Moose. Sie wachsen an den unteren Bereichen der Stämme und überziehen auch die Wurzelansätze, sodass es scheint, als hätten grüne Kraken den Waldboden erobert, aus deren Mitte Bäume sprießen würden. Gerade zu dieser Jahreszeit ist der Kontrast zwischen braunem Laub, graubrauner Rinde und dem leuchtenden Grün dieser Polster besonders groß. Weiß ist dagegen nur bei Schnee zu finden. Bei ganz bestimmten Wetterlagen mischen jedoch auch verborgene Wesen mit und zaubern büschelweise weiße Haare auf modernde Äste, die am Boden liegen. Es ist der gefrorene Atem von Pilzen, der dieses »Haareis« produziert. Pilze zersetzen das Holz, verdauen es und stoßen, genau wie wir, Wasserdampf, Kohlendioxid und andere organische Verbindungen aus. Diese frieren, sobald sie an die kalte Außenluft kommen, und werden vom nachstoßenden Atem immer weiter nach außen geschoben, bis hauchdünne, haarartige Eisstränge entstehen. Wenn Sie diese in die Hand nehmen, schmilzen sie im Nu zu ein paar Tröpfchen zusammen.

Pilze können in gefrorenem Holz nicht arbeiten, denn sie frieren ebenfalls mit durch. Daher können Sie nur dann Haareis finden, wenn die Temperatur ganz leicht unter null Grad und im Inneren des Holzes noch über dem Gefrierpunkt liegt.

Manche Sträucher erwachen nun schon zu neuer Aktivität, etwa die Haselnuss. Ihre männlichen Blüten hängen wie Schwänzchen von den Zweigen und verbreiten den Pollen, der bei manchen Allergikern für den ersten Heuschnupfen des Jahres sorgt. Während die Laubbäume noch schlafen, sind die Nadelbäume schon in Bereitschaft. In ihrer Heimat, dem hohen Norden, müssen sie jeden warmen Tag der kurzen Vegetationsperiode nutzen, und daher gehen sie viel früher an den Start als ihre belaubten Kollegen. Äußerlich können Sie das kaum erkennen, denn die Knospen mit den neuen Trieben sind noch geschlossen. Wenn Sie allerdings einmal an einem frischen Holzeinschlag vorbeikommen, lohnt ein Blick auf die Baumstümpfe. Hier drücken sich bei wärmerem Wetter an den Rändern Harztröpfchen aus dem Holz, die anzeigen, dass der Baum schon Feuchtigkeit ins Holz pumpt. Frisches Wasser im Baum markiert immer den Beginn der neuen Vegetationsperiode. Der Druck steigt dabei im März und April weiter an und lässt sich selbst von einem kurzen Kälterückfall mit Schnee nicht unterbrechen. Aus diesem Grund wird auch der Saft von Zuckerahornbäumen in dieser Jahreszeit geerntet. Sobald Blätter und frische Triebe sprießen, lässt der Druck wieder nach, und das Holz wird etwas trockener.

Eine dicke Schneedecke, die nun langsam schmilzt, ist für Bäume ideal, da das Wassser dabei langsam versickern kann und im Boden lange gespeichert wird. Davon können die Wälder dann bis in den Sommer hinein zehren, falls dieser wieder einmal zu trocken ausfällt.

Im Februar werden die einheimischen Vögel in Bezug auf Partnerwahl und Revierverteidigung aktiver. So können Sie vor allem gegen Ende des Monats bereits häufig Spechte trommeln hören. Das ist ihre Art zu singen und Konkurrenten mitzuteilen, dass dieses Waldstück besetzt ist. Auch Hasen bekommen Frühlingsgefühle, manchmal sogar schon im Januar. Die Häsin ist wählerisch und sucht den besten Boxkämpfer. Die Männchen lassen dabei die Fetzen so sehr fliegen, dass Sie bei genauem Hinschauen ab und an die ausgerupfte Wolle herumliegen sehen.

Waldspaziergang im Mai

Es ist so weit: Die Laubwälder werden wieder grün. Zumindest in den Mittelgebirgen stimmt das alte Lied vom Mai, in dem die Bäume ausschlagen, noch, während in den tieferen Lagen dank des Klimawandels dieser Zeitpunkt in den April gerutscht ist. Für die Bäume ist das ein gewaltiger Kraftakt, der die eingespeicherten Reserven aus dem letzten Sommer fast aufzehrt. Daher warten sie so sorgsam ab, ob es auch wirklich Frühling wird, und treiben erst aus, wenn der tiefe Frost nicht mehr wiederkehren kann. Doch auch Bäume können irren, und gerade in den Höhenlagen friert es manchmal bis in den Juni hinein. Dann hängt das frische Grün schlapp und braun an den Zweigen, und für Buchen und Co. fängt ein harter Überlebenskampf an. Alles muss noch einmal von vorn beginnen, und nicht jeder Baum hat so viele Reserven, um zweimal hintereinander auszutreiben.

Bäume sind zu diesem Zeitpunkt ohnehin empfindlich. Im Stamm wird besonders viel Wasser emporgedrückt. Einige Wochen zuvor, im März/April, ist der Druck so hoch, dass Sie das einschießende Nass sogar mit einem an die Rinde angelegten Stethoskop hören können. Wie sich die grünen Riesen vollpumpen, ist bis heute nicht endgültig geklärt. Transpiration, Osmose, Kapillarkräfte – all das reicht zur Erklärung nicht aus. Durch das viele Nass haftet die Rinde nicht mehr so fest am Holz, daher sind Bäume im Frühjahr besonders empfindlich für Verletzungen. Und aufgrund der reichlich vorhandenen Feuchtigkeit siedeln sich auf Wunden in Windeseile Pilze und Bakterien an. Das macht das Verheilen besonders schwierig, und daher sollten Gartenbäume auf keinen Fall im Frühjahr geschnitten werden. Aus den Stümpfen quillt bei im März oder April abgesägten Laubgehölzen viel Wasser empor, und der Volksmund sagt völlig zu Recht: Der Baum blutet.

Das offizielle Schnittverbot von Gehölzen außerhalb von Siedlungen ab März dient aber weniger den Pflanzen als vielmehr den Vögeln. Der Gesetzgeber möchte damit verhindern, dass diese in ihrem Brutgeschäft gestört werden. Davon ausgenommen ist die Forstwirtschaft, die allerdings den größten Schaden anrichtet. Hunderttausende Nester fallen in jedem Jahr der Holzernte zum Opfer, wenn Fichten und Kiefern gefällt werden und damit die Brutstätten in den schwer einsehbaren Kronen gleich mit. Solche Kollateralschäden werden in Kauf genommen, damit die Sägewerke »just in time« versorgt werden.

Anfang Mai ist der Waldboden mancherorts von einem Blütenteppich überzogen. Ein natürlicher Wald unserer Breiten ist für Blumen eigentlich viel zu dunkel. Nur drei Prozent Restlicht lassen die dicht belaubten Kronen von Buchen und Eichen durch – das reicht für die meisten Kräuter nicht zum Überleben. Doch es gibt ein schmales Zeitfenster im Frühjahr, wo doch noch eine Chance für diese Zwerge besteht. Wird es Ende März wärmer, schieben sich zarte Triebe von Buschwindröschen, Scharbockskraut oder Bärlauch zwischen dem trockenen Laub des letzten Herbstes empor. Diese sogenannten »Frühblüher« müssen sich beeilen. Austrieb, Blüte, Samenbildung und das Einlagern von Reservestoffen für das nächste Frühjahr, all das muss erledigt werden, bevor es am Boden wieder zu dunkel wird. Noch schlafen die großen Bäume und erwachen Ende April nur langsam. Bis sich das Blätterdach endgültig schließt, ist es Mitte Mai. Den bunten Pflanzen bleiben also knapp zwei Monate, um all das zu erledigen, wofür sich andere Arten den ganzen Sommer lang Zeit lassen können. So gesehen sind Buschwindröschen und Co. die Sprinter des Waldes.

Im Wonnemonat kommen große Insekten aus dem Boden. Es sind Maikäfer, die zuvor drei bis vier Jahre im Boden als Engerlinge, dicke weiße Larven, gelebt haben. Dort fressen sie zum Kummer von Förstern an den Baumwurzeln herum, bis sie sich schließlich verpuppen und als fertige Käfer tief im Boden überwintern. Die flugfähigen Insekten fressen in den Baumkronen weiter und können bei Massenvermehrungen ganze Waldgebiete entlauben. Den Bäumen schadet das nicht nachhaltig, denn sie treiben dann Ende Juni noch einmal aus.

Maikäfer galten lange Jahre als selten, gar vom Aussterben bedroht. Reinhard Mey sang 1974, dass es keine Maikäfer mehr gebe. Mittlerweile weiß man, dass die Tiere neben einem vierjährigen Zyklus, der der Entwicklungsdauer der Larven entspricht, noch einen 30- bis 45-jährigen Zyklus aufweisen. In diesen großen zeitlichen Abständen kommt es jeweils zu Massenvermehrungen, die aufgrund von Krankheiten wieder zusammenbrechen und in der Folge suggerieren, die Insekten seien fast vollständig verschwunden. Früher waren die Maikäfer nicht nur wegen ihres Blattfraßes unter anderem an Obstbäumen gefürchtet, nein, sie waren als Delikatesse beliebt. Noch im 20. Jahrhundert aß man sie roh, gebraten und gekocht. Konditoren boten die kleinen Proteinbomben sogar, mit Zucker überzogen, als Naschwerk an. Etwas empfindlichere Gemüter verwendeten den Segen zumindest als kostenloses Hühnerfutter, wie sich mein Vater noch gut erinnern kann.

Größer sind die seltenen Hirschkäfer, die heimlich und verborgen in morschem Holz leben. Die Larve, die sich vergnügt durch brüchiges Holz mümmelt, verbringt dort drei, manchmal aber auch bis zu acht Jahre, bevor sie sich verpuppt und als imposanter Minihirsch ans Tageslicht kommt. Dort lebt der Käfer nur wenige Wochen, und das eigentlich nur, um sich zu paaren und Eier zu legen. Das Geweih der Männchen, welches sich aus den ursprünglichen Beißwerkzeugen entwickelte, dient lediglich dem Kampf mit Rivalen. Gefährlich ist der stolze Recke nicht, er beißt niemanden und leckt höchstens ein wenig Baumsäfte auf, die das Weibchen (es kann beißen!) durch kleine Rindenwunden zum Fließen bringt. Nach der Paarung legt das Weibchen ein paar Eier an die Wurzeln absterbender oder toter Bäume, und danach verabschieden sich die Elterntiere in den Käferhimmel. Da Hirschkäfer auf Totholz angewiesen sind, gelten sie als stark gefährdet – in den Wirtschaftswäldern von heute ist kaum Platz für vermodernde Eichen und andere Laubbäume. Ein Ersatzrefugium gibt es allerdings: hölzerne Zaunpfähle oder tote Obstbaumstümpfe. Wenn Sie so etwas in Ihrem Garten haben, dann könnten Sie sie für die kleinen Kerle stehen lassen.

Diese Tiere eignen sich gut, um uns einmal unsere subjektive Sichtweise klarzumachen: Wenn das Larvenstadium bis zu 99 Prozent der Lebensspanne des Hirschkäfers ausmacht, sollten wir ihn nicht besser nach diesem Zeitabschnitt benennen? Der Knackpunkt ist, dass wir ihn währenddessen nicht sehen, sondern nur die kurzzeitige Paarungsform. Das erschwert das Verständnis und führt sogar zu unangebrachtem Mitleid, wie die Eintagsfliege beweist. Sie erhebt sich ebenfalls nur für Sex in die Lüfte und lebt davor ein Jahr lang in Bächen und Tümpeln. Wir bedauern sie ob ihres kurzen Lebens, obwohl sie für ein Insekt vergleichsweise alt wird.

Eine Massenvermehrung von Insekten kann sich übrigens recht gruselig anhören. Ich habe so etwas einmal in einem Eichenbestand meines Reviers erlebt. Dieser war vom Eichenwickler, einem kleinen grünen Schmetterling, befallen. Millionen von Raupen knabberten sich an den frisch ausgetriebenen Blättern entlang und verdauten diese. Wer viel frisst, muss auch oft ein großes Geschäft machen. Bei einer einzelnen Eichenwicklerraupe ist das ein winziges Kügelchen, doch bei einer Heerschar fallen ununterbrochen Zehntausende solcher Pillen zu Boden. Das Geräusch erinnert an heftige Regenfälle, mit dem Unterschied, dass es wochenlang durchgehend zu hören ist. Selbstredend, dass ein Spaziergang durch solche Eichenwälder nicht besonders appetitlich ist.

Waldspaziergang im August

Dumpfe Sommerhitze brütet über den Wipfeln, und es scheint, als seien nicht nur die Wanderer erschöpft, sondern auch die Bäume. Der Eindruck täuscht nicht, allmählich bereiten sich Buchen, Eichen und Co. auf den Winterschlaf vor. Mittels Fotosynthese haben sie ihre Speicher unter der Rinde und in den Wurzeln schon so weit aufgefüllt, dass nicht mehr viel fehlt, um sicher ins nächste Frühjahr zu starten. Die Blätter, sozusagen Einwegartikel für eine Saison, sind auch schon reichlich ramponiert. Sie tragen Spuren von Insekten wie etwa dem Buchenspringrüssler. Der kleine Frechdachs legt seine Eier auf Buchenblätter, in die seine Larven schlangenförmige Gänge fressen. Diese Bereiche verfärben sich braun, sodass ein stark befallener Baum aus der Entfernung eher oliv aussieht denn frisch grün. Der erwachsene Käfer macht da weiter, wo er als Würmchen schon Schaden angerichtet hat, und frisst Löcher in die kleinen Sonnensegel. So sehen die Blätter aus, als hätte ein Zwerg mit seinem Schrotgewehr darauf geschossen.

Wie wir im Kapitel »Überleben im Wald« gesehen haben, lässt sich das Fichtenkambium nur bis Anfang Juli gut abschälen, denn danach ziehen diese Bäume ihren Saft schon langsam aus dem Gewebe zurück. Es wird hart und holzig, und Ähnliches ist bei Blättern und Nadeln zu beobachten. Sie haben ihr saftiges Grün verloren und gegen eine gelblichere Tönung getauscht – als ob sie ihre Kraft verloren hätten und nun eine gewisse Mattigkeit signalisierten.

Die Sommerhitze verstärkt diesen Effekt manchmal noch. Wenn wenig Niederschlag fällt, werfen viele Bäume schon einmal einen Teil ihrer Blätter ab. Unsere Birke am Haus macht das oft Ende Juli, um den Rest der grünen Sonnensegel bis Oktober zu behalten. Kirschen und Vogelbeeren haben im August oft schon so viel Sonne getankt und damit Zucker gebildet, dass ihre Speicherorgane voll sind und die Bäume ihren Laden zumachen. Das Laub verfärbt sich dann rot, und bis zum nächsten Frühjahr läuft der Stoffwechsel nun auf Sparflamme.

Auch die Vögel scheinen langsam schlappzumachen. Zumindest hört man kaum noch lustige Tonfolgen oder das Trommeln der Spechte. Waldvögel sind generell eher etwas stiller. Die Hohltaube etwa beschränkt sich auf ganz wenige Geräusche. Sie ist so groß wie eine Ringeltaube, doch ihr fehlt der weiße Halsring. Und anstelle eines »Huhu-huu« hört man von der scheuen Waldbewohnerin nur ein schüchternes »Hu«. Doch im August ist selbst so ein zartes Tönchen nicht mehr erforderlich, denn die Brutzeit ist vorbei, und es gibt nichts mehr zu signalisieren. Das Trommeln der Spechte ist aus dem gleichen Grund nicht mehr zu vernehmen. Viele Waldvögel ziehen nur einmal im Jahr Küken groß. Das Nahrungsangebot in Bezug auf Insekten oder Früchte ist streng saisonal, und im Spätsommer ist das größte Angebot schon vorüber.

Wundert Sie das? Viele Blütenpflanzen stehen doch noch in voller Pracht, und entsprechend groß ist der Andrang der Insekten. Auch Brombeersträucher sind nun übervoll mit Früchten beladen, und da sollte doch das Brutgeschäft laufen können. Doch diese Fülle ist typisch für Steppenlandschaften, wie sie unsere Wiesen und Gebüsche darstellen, auch wenn sie menschlichen Ursprungs sind. Hier tobt noch das volle Sommerleben, während der Wald sich schon auf den Winter vorbereitet. Blattläuse, die im Frühjahr noch zu Milliarden an den frischen Trieben saugten, sind nun kaum noch zu sehen. Auch die Larven von Käfern und Fliegen sind vielfach schon längst zu fertigen Erwachsenen geworden und bereiten sich in den länger werdenden Schatten der Bäume auf den Winterschlaf unter loser Rinde oder der Laubstreu am Boden vor. Kein Wunder, dass Vögel jetzt nicht mehr so üppig fressen können und die Kalorien für eine weitere Brut einfach zu knapp sind. Daher ist es in einem spätsommerlichen Wald vergleichsweise still, und ich wurde bei Führungen schon oft gefragt, warum es in Hümmel so wenig Vögel gebe. Paradoxerweise sieht das in Kahlschlagbetrieben ganz anders aus. Hier ist häufiger eine Steppensituation anzutreffen. Dort, wo alle Bäume beseitigt wurden, breiten sich Blütenpflanzen aus, wie die prächtigen Stauden von Fingerhut und Waldweidenröschen. Mit ihren meterhohen roten Blütenständen ziehen sie Bienen und Hummeln sowie andere nektarsaugende Insekten an. Hier finden auch Singvögel noch reichlich Nahrung und schaffen so oft drei Bruten pro Saison. Entsprechend lang ist ihr Gesang zu hören.

Waldspaziergang im November

Die Bäume haben ihr Laub verloren, der Himmel ist grau, und es tropft kalt von den Zweigen. Wer mag bei einem solchen Wetter schon spazieren gehen? Und doch kann es sich lohnen, wenn man weiß, was da so zwischen den Stämmen passiert. Der Regen etwa, nicht zu Unrecht »flüssiger Sonnenschein« genannt, ist lebenswichtig für den Wald. Im Sommer regnet es in unseren Breiten viel zu wenig, oder umgekehrt gesagt: Die Bäume verbrauchen einfach zu viel. Eine ausgewachsene Buche saugt an einem heißen Tag bis zu 500 Liter Wasser aus dem Boden, und selbst wenn es heftige Gewitter gibt, reicht der Nachschub für die durstigen Riesen bei Weitem nicht aus. Daher müssen sie ordentlich auf Vorrat tanken, und zwar im Winter. Wenn es also viel regnet, ist es vielleicht ein tröstlicher Gedanke, dass sich nun der Speicher der Bäume füllt. In der Erde um die Wurzel eines einzelnen Exemplars können es bis zu 25 Kubikmeter sein, die in kleinsten Poren eingelagert werden. Dass die modernen Erntemaschinen diesen Tank mit ihren breiten Reifen und ihrem Gewicht von bis zu fünfzig Tonnen unwiederbringlich platt fahren, können

Sie anschließend sogar sehen. Der Wald steht dann voller Pfützen, was, abgesehen von seltenen Feuchtstandorten, ganz unnatürlich ist. Der Überschuss wochenlanger Regenfälle wandert nämlich normalerweise ins Grundwasser, ein Prozess, der viele Jahrzehnte dauern kann.

Apropos: Wenn das Wasser nach unten fließt, sind es nicht nur die Poren des Bodens, in denen es versickert. Nein, da gibt es noch ein künstliches Röhrensystem, welches aber ausnahmsweise nicht wir Menschen angelegt haben, sondern die Regenwürmer, die sich fleißig durch das Erdreich graben und dabei ein Gangsystem schaffen, welches sie mit Schleim auskleiden. In ihm können sie sich für ihre Verhältnisse relativ schnell im Untergrund bewegen, doch oft nicht schnell genug: Maulwürfe sind hinter ihnen her und schnappen sich die bis zu bleistiftdicken Gesellen als saftigen Happen. Wenn sie mehr erbeuten, als sie verzehren können, machen sie die Würmer mit einem Biss bewegungsunfähig, um sie danach als lebenden Vorrat in ihrem Bau zu verstauen. Klingt nicht schön und ist es für die Regenwürmer sicher auch nicht. Damit nicht genug. Haben Sie sich schon einmal gefragt, woher der Name kommt? Die Antwort ist nicht so schwer, schließlich sieht man die Tiere nur bei lang anhaltenden Niederschlägen, die an trüben Herbsttagen die Landschaft oft in ein morastiges Etwas verwandeln. Falls Sie das nicht so gerne mögen, sind Sie damit in bester Gesellschaft, denn Regenwürmer hassen Regen. Er läuft in ihre unterirdischen Wohnungen, und wer nicht schnell genug nach oben an die frische Luft kriecht, ertrinkt elendiglich. Doch auch oben ist noch nicht alles ausgestanden. Wer in die falsche Richtung marschiert, landet in einer Pfütze und erleidet doch noch das Schicksal, dem er entrinnen wollte. Da auf Wegen das Wasser durch den verdichteten Boden kaum abläuft, finden sich hier bei entsprechendem Wetter Hunderte »Seemannsgräber«.

An dieser Stelle können wir übrigens noch einmal einen kurzen Schlenker zum Überleben in Wald und Flur machen, denn der Fang von Regenwürmern ist eine echte Alternative zur Jagd. Nicht nur bei schlechtem Wetter, nein, auch bei Sonnenschein kann man sie nach oben locken. Dazu steckt man einen Stock in den Boden und trommelt darauf herum. Das erzeugt ähnliche Erschütterungen wie Regentropfen, und nach wenigen Minuten kriechen die ersten Würmer empor. Alternativ tut es auch ein Gehen auf der Stelle. – Der Geschmack erinnert an Hühnerfleisch; gebraten mit Salz, ist nichts gegen eine solche Mahlzeit einzuwenden. Die Menge an Würmern kann über hundert Tonnen pro Quadratkilometer betragen; verhungern muss in unseren Breiten selbst in Krisen also niemand.

Zurück zum November. Herbst ist Pilzzeit. Eine erste Welle ist meist schon im Spätsommer zu verzeichnen, wenn nach langer Trockenheit heftige Regenfälle den Waldboden befeuchten. Doch dabei handelt es sich offenbar um ungeduldige Vertreter, die nicht bis zum eigentlichen Starttermin warten können. Der liegt im Herbst, wenn die ersten längeren Regenperioden auftreten. Das ist viel sicherer für die Vermehrung, weil die Hüte dann länger erhalten bleiben. Zudem haben die Bäume kurz vor ihrem Winterschlaf viel Zucker übrig, der nun von den Pilzen zur Bildung üppiger Fruchtkörper verwendet werden kann. Nicht nur wir Menschen, sondern auch Wildschweine lassen sich diese gerne schmecken. Die grauen Wühler mögen jetzt jedoch am liebsten öl- und stärkehaltige Früchte. Das bieten ihnen in manchen Jahren Eichen und Buchen in riesigen Mengen, dann beginnt auch für Rehe und Hirsche das große Fressen. Schnell werden noch einmal wichtige Kalorien aufgenommen, um die Speckschicht unter der Haut zu vergrößern. Kommt die Winterkälte, so schalten die Tiere ihren Stoffwechsel um mehrere Gänge herunter und verbringen die Tage dösend und eingeschneit in einer wind- und sichtgeschützten Dickung.

Mäuse, Eichhörnchen und Eichelhäher können im Herbst dabei beobachtet werden, wie sie ihren Teil der Ernte in Sicherheit bringen, indem sie unterirdische Depots anlegen. Während der Eichelhäher bis zu 10 000 davon sicher wiederfindet, scheint das Eichhörnchen manchmal Erinnerungslücken zu haben. Dann sprießen aus solch vergessenen Verstecken im Frühjahr ganze Sträuße von Sämlingen.

Mit Kindern unterwegs

Wie wäre es mit einer Runde Waldkaugummi als Einstieg? So etwas habe ich als Praktikant 1984 in Schweden kennengelernt. Während einer Rundreise durch den südlichen Landesteil besuchten wir Forstbetriebe, die ihre Leistungsfähigkeit mit Großmaschinen demonstrierten. Die Teilnehmer bekamen jedes Mal Informationsmaterial in die Hand gedrückt, und einmal war auch ein schmaler Flyer dabei, der Fichtenkaugummi beschrieb. Was der Betrieb von der Weitergabe solcher Informationen hatte, weiß ich nicht, aber die Herstellung funktioniert einwandfrei und lässt sich als Highlight einer Wanderung auch mit Kindern nachmachen.

Zunächst brauchen Sie natürlich Fichten oder Kiefern. Und da diese Baumarten zufällig die häufigsten in unseren bewirtschafteten Wäldern sind, sollte es mit der passenden Auswahl keine Schwierigkeiten geben. Passend heißt: Der Baum muss harzen. Harz ist Baumblut, welches wie bei uns immer dann fließt, wenn die Rinde oder Haut verletzt wird. Nun sollte man den betreffenden Baum nicht einritzen, nur um Kaugummi zu gewinnen, und das würde auch nichts nützen, denn Sie brauchen eine spezielle Sorte Harz. Klar sollte es sein, fertig ausgehärtet und wenigstens fingernagelgroß die Menge. Passt alles, können Sie dieses Stückchen in den Mund nehmen und langsam erwärmen. Versuchen Sie zwischendurch immer wieder vorsichtig, ob man mit den Zähnen schon ein wenig kauen kann. Beißen Sie zu früh kräftig zu, zerbricht das Harzstück in kleine Splitter, und die Aktion muss von Neuem gestartet werden. Bei ungeeignetem, milchig-rissigem Harz platzt dieses im Mund zu Staub, was ganz schön bitter ist, und zwar im Wortsinne. Selbst wenn alles gut läuft, wenn also das Stückchen langsam plastischer wird und sich mit den Backenzähnen mehr und mehr verformen lässt, treten zunächst Bitterstoffe aus. Die spucken Sie aus – ich weiß, das klingt vielleicht unappetitlich, aber Sie sind im Wald, und da schaut ja außer der Familie und ein paar Vögeln niemand zu. Wird der Geschmack langsam akzeptabel, hat sich das Harz in ein rosafarbenes, zähes Waldkaugummi verwandelt. Es klebt nicht an den Zähnen und ist einfach eine kleine Überraschung zwischendurch, wenn die Kinder einmal nach etwas Action verlangen. Geben Sie sich bei der Suche nach klarem, hartem Material allerdings mit ungeeignetem, noch klebrigem Harz zufrieden, dann weicht die Lust dem Frust. Beim Kauen bleibt das weiche Zeug an den Zähnen haften, was besonders in den Zahnzwischenräumen für längeres Vergnügen sorgt. Mag man nicht mehr kauen, ist das Entsorgen in der Natur selbstverständlich – vielleicht kleben Sie das Gummi auch einfach wieder an den Baum zurück.

Kinder sind ein dankbares Waldpublikum, wenn man sie machen lässt. Dazu gehört vor allem der Dreck. Wir Erwachsenen empfinden Verschmutzungen häufig als abstoßend oder gar ekelhaft, und das ist unter normalen Umständen auch in Ordnung. Zivilisationsdreck wie Öl, Farbe,

Ruß, Staub oder natürlich Kot von Haustieren ist ungesund und muss von Kleidung und Händen schnell wieder entfernt werden. Erde hingegen oder krümeliger Humus sind nichts, was unsere Gesundheit gefährdet. Auch der bei Regen glitschige grüne Algenfilm auf der Baumrinde, der beim Dagegenlehnen gerne an der Jacke haften bleibt, ist unbedenklich, ähnlich wie Tang im Meer. Dennoch hindert uns eine innere Barriere vor allzu intensivem Naturkontakt, wie ich bei einem Spaziergang mit schwer erziehbaren Jugendlichen feststellen konnte. Mit weißen Turnschuhen und Handys wollten sie eigentlich gar nicht in den Wald. Damit sie bei dem Gang zwischen den Bäumen nicht ausrutschten, nahmen sich die meisten einen Ast vom Boden als Stütze. Doch nicht mit den bloßen Händen, nein, zu meinem Erstaunen zückten sie Papiertaschentücher, um damit nach den Stöcken zu greifen. Nach zwei Tagen in Hümmel erkannte ich sie nicht wieder. Ich hatte einige Survivalelemente in den Tagesablauf eingebaut, und nun verspeisten die Mädchen und Jungen Bockkäferlarven um die Wette.

Wichtig ist also nur, dass Kinder Kleidung anhaben, die verschmutzen darf, und schon kann es losgehen. Wie wäre es zum Beispiel mit Baumgesichtern? Dazu brauchen Sie nur ein Rindenstück, auf das Sie eine Portion dünnflüssigen Matsch packen. Mit einem Stöckchen, das als Pinsel dient, können nun den Stämmen Augen, Nasen und Münder aufgemalt werden. Schon bald ist der halbe Wald voller lustiger Gestalten, die zumindest für einige Tage (bis zum nächsten Spaziergang?) halten.

Oder wie wäre es mit dem Waldtelefon? Es funktioniert nur über kurze Strecken, ist dafür aber umso wichtiger. Zumindest für Vögel, die ihr Nest in einer hoch gelegenen Baumhöhle haben. Der ärgste Feind für ihre Küken sind Eichhörnchen oder Marder. Die Säugetiere klettern am

Stamm nach oben und angeln sich mit den scharfen Krallen ihrer Vorderpfoten den hilflosen Nachwuchs. Was kann man als Vogeleltern dagegen machen? Nicht viel, aber immerhin bleibt die Möglichkeit, eine mutige Attacke gegen die Angreifer zu fliegen und so die kleine Chance zu nutzen, dass diese genervt ablassen.

Manchmal haben es die Beutegreifer aber auch auf schlafende erwachsene Exemplare abgesehen, und die könnten bei Gefahr einfach wegfliegen. Voraussetzung ist natürlich in allen Fällen, dass es eine rechtzeitige Warnung gibt. Sie kommt zuverlässig über das Waldtelefon, das in diesem Fall aus dem Baumstamm besteht. Holz leitet Schall ganz hervorragend; das ist der Grund, warum daraus Musikinstrumente gebaut werden. Auf dem Rieseninstrument eines alten Stammes spielen Eichhörnchen und Marder das Lied vom Tod, und zwar mit den Krallen. Sie verursachen beim Heraufklettern kratzende Geräusche, die durch den Baum bis in die Höhle bestens zu hören sind. Immerhin bleiben so noch einige Sekunden, um rasch auf die Gefahr zu reagieren. Kinder können die Funktionsweise des Telefons (oder besser der Alarmanlage) an liegenden Baumstämmen nachvollziehen. Dazu knien sie sich an ein Ende und pressen ihr Ohr an die Rinde. Am anderen Ende sitzen Sie und morsen mit einem Steinchen eine Botschaft. Das Kind gibt durch, wie viele Klopfzeichen es gehört hat. Noch realistischer wird es, wenn Sie stattdessen kratzen – dann hört der Nachwuchs dieselben Warnungen wie die Vogelkinder.

Das Schönste bei einer Wanderung sind die Pausen, und gerade mit Kindern sollte man diese nicht übergehen. Ich habe auf vielen Touren mit Grundschulklassen festgestellt, dass feste Uhrzeiten, die sich am normalen Unterrichtstag orientieren, eingehalten werden sollten. Wenn ich im Eifer der Experimente und Spiele einmal zu lange gewartet habe, ließ die Aufmerksamkeit der Knirpse schnell nach, und die ersten fingen an zu quengeln. Sobald der Magen gefüllt ist, können Sie die Aufmerksamkeit mit einer völlig anderen Sache zurückgewinnen. Wie wäre es mit ein bisschen Musik im Wald? Damit meine ich nicht den Gesang der Vögel oder das Rauschen des Winds in den Baumkronen, nein, es geht um »echte« Musik. Finden Sie, dass das die Naturatmosphäre stört? Warten Sie ab, denn bei dem, was ich jetzt vorschlage, geht es um nichts anderes als Natur.

Fangen wir mit dem einfachsten zu erlernenden Instrument an: einem Buchenblatt. Wenn Sie Ihre Daumen aneinanderlegen, entsteht zwischen ihnen ein kleiner Spalt. Das Blatt wird nun zwischen die ersten und zweiten Knöchel (vom Nagel aus gezählt) geklemmt und dabei stramm gespannt. Fertig ist Ihr erstes Waldinstrument! Gespielt wird es, indem Sie die Lippen fest auf den Daumenspalt pressen und kräftig blasen. Der Ton, den Sie so erzeugen können, erinnert an ein heiseres Fiepen und kann ziemlich laut sein. Durch die Stärke des Blasens lassen sich die Tonhöhe und das Krächzen etwas variieren, das war es dann aber schon mit den musikalischen Möglichkeiten.

Dennoch werden solche Melodien speziell im Sommer relativ häufig in den Wäldern geblasen, und zwar von Jägern. »Blatten« heißt sinnigerweise der Fachausdruck, und er dient dazu, liebestolle Rehböcke auszutricksen. Das Fiepen klingt, wenn fachgerecht ausgeführt, nach den Lockrufen einer brünstigen Ricke, die sich nach Intimitäten sehnt. Jüngere Böcke reagieren besonders spontan, weil sie eigentlich nicht zum Zuge kommen. Längst hat ein älterer Artgenosse das Revier besetzt und duldet keine Nebenbuhler. Erklingt der Lockruf, versucht manchmal solch ein Bürschchen schnell sein Glück und vergisst dabei jede Vorsicht. Bei Jägern würde jetzt ein Schuss fallen, doch Sie haben die viel schönere Möglichkeit, das Tier in Ruhe und aus der Nähe zu beobachten. Um eine gute Anlockwirkung zu erzielen, ist es wichtig, nur wenige kurze Signale zu geben und dann erst einmal ein paar Minuten Pause einzulegen. Zeigt sich immer noch kein Reh, dürfen die Töne dringlicher werden. Ziel ist es, auch bei unentschlossenen Bewerbern das Verlangen zu wecken. Im Zweifelsfall schauen Sie einmal im Internet nach einer Anleitung; wie bei jedem Instrument macht erst die Übung den Meister.

In die gleiche Kategorie fällt das zweite Instrument: die Gießkanne. Mit ihr können Sie Hirsche dazu verleiten, ein Duett mit Ihnen zu spielen. Voraussetzung Nummer eins ist natürlich, dass Sie sich in einem Gebiet mit einer Hirschpopulation befinden. Ob das der Fall ist, zeigen Karten im Internet, etwa unter http://rothirsch.org/.[34] Voraussetzung Nummer zwei ist der Zeitpunkt: Es muss September bis maximal Mitte Oktober sein, dann findet die Brunft statt. Hirsche scharen Harems um sich, verteidigen diese gegen Nebenbuhler und schreien sich die Kehle aus dem Leib, um möglichst weit gehört und respektiert zu werden. Das heisere Rufen wird als »Röhren« bezeichnet, und wie durch eine Röhre gerufen hört es sich auch an. Hier kommt wieder unsere Gießkanne ins Spiel. Ihr Auslass ist eine Röhre, der Behälter selbst ein wunderbarer Resonanzkörper. Wie der Ruf zu imitieren ist, hören Sie sich am besten live an – denn wenn Sie sich tatsächlich in einem Rotwildgebiet aufhalten, dürfte zumindest von Weitem ein Originalruf zu hören sein. Setzen Sie den Ausgießer an die Lippen, und stoßen Sie einen heiseren, möglichst tiefen Ruf aus. Schon ist der Kunsthirsch geboren, und wenn kein echter antwortet, haben wenigstens andere Spaziergänger (oder Ihre Kinder) ihren Spaß.

Zugegeben, die bisherigen Instrumente waren nicht dazu geeignet, echte Musik im herkömmlichen Sinne zu machen. Aber auch in dieser Hinsicht hat die Natur etwas zu bieten: Pfeifen aus Weidenästen. Ich kenne sie noch aus meiner Kindheit, als wir regelmäßig mehrtägige Wanderungen mit einer befreundeten Familie unternahmen. Es faszinierte mich damals, wie man mit einfachsten Mitteln so schöne Spielzeuge zaubern konnte. Und so geht's: Sie brauchen ein Taschenmesser und einen frischen, grünen Weidenzweig. Er sollte fingerdick, zehn bis fünfzehn Zentimeter lang und frei von Ästen und anderen Störungen in der Rinde sein. In der Mitte schneiden Sie vorsichtig einmal ringsherum in die Rinde bis aufs Holz. Nun fehlt noch an der Seite, die Sie als Mundstück festlegen, ein Einschnitt wie bei dem Luftloch einer Blockflöte. Dazu schneiden Sie einen Zentimeter vom Rand entfernt einmal quer in die Rinde und führen dann einen flachen Schnitt auf diesen Querschnitt zu, der bis aufs Holz geht. Danach kommt es darauf an, die so bearbeitete obere Hälfte des Zweigs von der Rinde zu befreien, und zwar so, dass sie sich rohrartig abziehen lässt. Dazu wird die Rinde mit dem Messergriff beklopft (nicht zu fest, sie soll ja nicht zerschlagen werden). Der Vater der befreundeten Familie sagte dazu gebetsmühlenartig im Takt immer wieder den Spruch «Ene mene miepe, die Saate, die ist riepe« auf. Wenn Sie es also traditionell machen möchten …

Am besten geht das Ablösen im zeitigen Frühjahr, wenn besonders viel Wasser im Baum unterwegs ist. Sie können ansonsten ein wenig nachhelfen, indem Sie diesen Zweigabschnitt immer wieder im Mund befeuchten und danach wieder beklopfen. Ist die Rinde abgezogen, dann sägen Sie von dem freigelegten Holz ein zwei Zentimeter langes Klötzchen ab und flachen es an einer Seite mit der Klinge ab. Nun schieben Sie es wieder zurück in den oberen Abschnitt mit dem Luftloch, die flache Seite dem Loch zugewandt – fertig. Wenn Sie nun das Zweigstück mit der blanken Holzseite von unten in die Flöte einführen und in das Instrument hineinblasen, können Sie die Tonhöhe gleitend variieren. Das Resultat ist verblüffend, und mit ein wenig Übung können Sie ganze Lieder spielen. Das Ganze ist so spannend für Kinder, dass sich damit auch Wanderabschnitte mit Quengelpotenzial erfolgreich überbrücken lassen.

Zum Schluss

Dieses Buch ist kein Nachschlagewerk, sondern ein Appetitanreger. Sie können und brauchen sich gar nicht alles zu merken, was ich Ihnen erzählt habe. Vielleicht möchten Sie hier und da einmal etwas nachlesen, wenn Sie im Wald Dinge erlebt haben, die Fragen aufwerfen. Noch wichtiger als ein Buch ist das, was Sie ohnehin von Natur aus an Bord haben: Ihre Augen, Ihre Ohren, Ihre Nase, Ihre Zunge und Ihr Tastsinn. Damit besitzen Sie das perfekte Werkzeug, um spannende Expeditionen in die Wälder vor Ihrer Haustür zu unternehmen. Und es sind Ihre Wälder, die nur darauf warten, entdeckt zu werden.

Keine Sorge, wir Menschen sind als Freizeitbesucher keine Belastung für die Tier- und Pflanzenwelt, ganz im Gegenteil: Wir gehören dazu. Zumindest dann, wenn wir zu Fuß unterwegs sind und die Natur so hinterlassen, wie wir sie vorgefunden haben. In diesem Sinne wünsche ich Ihnen viel Freude mit den großen und kleinen Wundern, und wenn diese Gebrauchsanweisung wieder mehr Lust auf den nächsten Waldspaziergang macht, dann hat sie ihren Zweck erfüllt.

Quellenverzeichnis

1 Carson, Rachel: Der stumme Frühling, S. 296, Verlag C.H. Beck, München, 1963

2 Krämer, Klara, Dipl. Biol., RWTH Aachen University, Institute for Environmental Research (Biology V), Chair of Environmental Biology and Chemodynamics (UBC), per E-Mail vom 30.03.2016

3 Schmitt, Craig L. und Tatum, Michael L.: The Malheur National Forest, Location of the World's Largest Living Organism, S. 4, United States Department of Agriculture, 2008

4 Hengherr, S. et al: Journal of Experimental Biology 2009; 212: 802–807; doi: 101242/jeb.025973

5 http://www.rki.de/SharedDocs/FAQ/FSME/Zecken/Zecken.html#FAQId3447426, abgerufen am 16.06.2016

6 http://www.roteskreuz.at/gesundheit/gesundheitsinformation/ratgeber-gesundheit/fsme/, abgerufen am 16.06.2016

7 Fuhr, Eckhard: Bambi schützt vor Borreliose, in: Die Welt, 25.05.2014, Ausgabe 21, S.2

8 https://de.statista.com/statistik/daten/studie/226127/umfrage/hektarertrag-von-getreide-in-deutschland-seit-1960/, abgerufen am 27.12.2016

9 Schriftliche Anfrage der Abgeordneten Christine Kamm, Dr. Christian Magerl BÜNDNIS 90/DIE GRÜNEN vom 04.03.2013, Antwort des Staatsministeriums für Umwelt und Gesundheit vom 29.04.2013, Drucksache 16/16 704 vom 03.06.2013

10 http://www.forsten.sachsen.de/wald/2886.htm, abgerufen am 12.04.2016

11 https://lua.rlp.de/de/presse/detail/news/detail/News/kleiner-fuchsbandwurm-jeder-fuenfte-fuchs-im-land-befallen/, abgerufen am 27.12.2016

12 s. Quelle zu [11]
13 Infektionsepidemiologisches Jahrbuch meldepflichtiger Krankheiten für 2014, Robert Koch-Institut, S. 72–75, Berlin, 2015
14 http://de.statista.com/statistik/daten/studie/185/umfrage/todesfaelle-im-strassenverkehr/, abgerufen am 17.04.2016
15 http://www.br.de/themen/ratgeber/inhalt/verbrauchertipps/gewitter-blitz-blitzschlag-folgen100.html, abgerufen am 17.04.2016
16 http://wildbio.wzw.tum.de/index.php?id=58, abgerufen am 19.04.2016
17 http://isleroyalewolf.org/http%3A//www.cpc.ncep.noaa.gov/products/precip/CWlink/pna/nao.shtml, abgerufen am 14.07.2016
18 http://www.yellowstonepark.com/wolf-reintroduction-changes-ecosystem/, abgerufen am 15.07.2016
19 Beigang, T.: Der Wolf bei den kleinen Mädchen in der Bushaltestelle, in: Nordkurier, 18.08.2014
20 BPOLD-B: Die Geschichte vom Wolfstransporter – alles nur Wolfsgeheul!, Pressemitteilung der Bundespolizei, Berlin, 27.01.2014
21 http://de.statista.com/themen/1199/strassen-in-deutschland/, abgerufen am 24.06.2016
22 http://www.wolfsregion-lausitz.de/index.php/nahrungszusammensetzung, abgerufen am 24.06.2016
23 Rothe, K., Tsokos, M., Handrick, W: Animal and human bite wounds. Dtsch Arztebl Int 2015; 112: 433–43. DOI: 103 238/arztebl.2015.0433
24 Bloch, Günther und Radinger, Elli H. Der Wolf ist zurück, Bad Münstereifel/Wetzlar, 2015
25 Drösser, Christoph: Glas unter der Lupe, in: DIE ZEIT Nr. 39, 16.09.2004
26 Verkehr und Mobilität in Deutschland, S. 6, Bundesministerium für Verkehr und digitale Infrastruktur, November 2015
27 Puttonen, E. et al: Quantification of Overnight Movement of Birch (Betula pendula) Branches and Foliage with Short Interval Terrestrial Laser Scanning, in: Front Plant Sci. 2016 Feb 29; 7:222. doi: 103 389/fpls.2016.00222. eCollection 2016
28 Huber, M.:Forscher schauen 300 Bäumen beim Wachsen zu, in: Tierwelt Ausgabe 23, S. 24–25, 04.06.2015
29 Moir HM, Jackson JC, Windmill JFC. Extremely high frequency sensitivity in a ›simple‹ ear. Biol Lett 9: 20 130 241
30 htttps://www.heise.de/newsticker/meldung/Datenschutz-im-Wald-immer-mehr-Wildkameras-erfassen-Waldspaziergaenger-2182616.html
31 Ahnelt, P.: Unterscheidung in Blau und Nicht-Blau, in: Revierkurier 3/2009, S. 4–5
32 Mantau, U.: Holzrohstoffbilanz Deutschland, Entwicklungen und Szenarien des Holzaufkommens und der Holzverwendung 1987 bis 2015, Hamburg, 2012, S. 65

33 Füßler, Claudia: Der Baum der Bäume, in: Badische Zeitung, Ausgabe von 17.12.2016

34 http://rothirsch.org/wp-content/uploads/2014/02/RWVWaldD+Wald_140225.jpg

Auf den Fuchs gekommen

*Cover- und Preisänderungen vorbehalten

Hier reinlesen!

Sophia Kimmig

Von Füchsen und Menschen

Auf den Spuren unserer schlauen Nachbarn – als Wildbiologin unterwegs in der Großstadt

Malik, 256 Seiten
€ 18,00 [D], € 18,50 [A]*
ISBN 978-3-89029-547-3

Roter Pelz, bernsteinfarbene Augen, grazile Statur – wer ihm einmal begegnet, vergisst diesen Anblick nicht mehr. Doch der Fuchs ist nicht nur für seine Schönheit, sondern auch als schlau, gerissen und neugierig bekannt. Vom Polarkreis bis in den Norden Afrikas findet man ihn, und er besiedelt zunehmend unsere Städte. Wildbiologin Sophia Kimmig heftet sich dort an seine Fersen und versucht, hinter das Geheimnis des Überlebenskünstlers zu kommen. Sie erzählt amüsant von den Tücken der Feldforschung und gewährt uns spannende Einblicke in das verborgene Leben unserer wilden Nachbarn.

MALIK

Leseproben, E-Books und mehr unter **www.malik.de**

Raus aus dem Alltag, rein in die Natur!

Hier reinlesen!

Torbjørn Ekelund

Im Wald

Kleine Fluchten für das ganze Jahr

Aus dem Norwegischen von
Andreas Brunstermann
NG Taschenbuch, 272 Seiten
€ 15,00 [D], € 15,50 [A]*
ISBN 978-3-492-40483-9

* Cover- und Preisänderungen vorbehalten

Am See zelten, unter Sternen schlafen und den Vögeln lauschen – Torbjørn Ekelund erfüllt sich den Traum vom Ausstieg in die Natur und zieht jeden Monat für eine Nacht in den Wald. Auf seinen Mikroexpeditionen findet er Ruhe und Abgeschiedenheit. Er spürt beim Fliegenfischen dem Wechsel der Jahreszeiten nach und geht mit seinem Sohn auf Entdeckungstour. Einfühlsam und inspirierend schildert er, wie wenig man für so ein Abenteuer braucht – denn Wälder gibt es überall, man muss nur hineingehen.

NATIONAL GEOGRAPHIC MALIK